국민고객
을　위한
생산적인
국방업무

추천사

저는 연세대학교에서 IT 공학기술을 다른 분야에 융합하고 응용하는 것을 기본으로 한 스마트 IT 융합기술 및 기술창업에 대한 강의를 하고 있습니다.

기술변혁의 속도가 점차 가속되고, 이미 개발된 기술과 신기술이 접목되어 또 새로운 도약점이 되는 이 초고속 융합 발전의 시대에, 새로운 가치를 창조하는 창업이란 무척 중요합니다. 창업이란 정부의 경제를 활성화하고, 브랜드 가치를 창조하며, 일자리를 창출하는 최고도의 생산적인 활동이기 때문입니다. 게다가 기술창업은 해당 기술로 세계를 선도하는 등 변혁의 주인공이 될 수 있습니다. 이미 그 무게를 알기 때문에 국가에서도 지속적이고 적극적으로 기술창업을 장려하고 있습니다.

장상훈 소령을 처음으로 만난 것은 2017년 9월, 전기전자공학도를 위한 기술창업이라는 과목을 강의하면서였습니다. 장상훈 소령은 해당 과목을 처음으로 수강하는 군 위탁교육생은 아니었지만 유일하게 수강 내용으로 특허를 취득하고, 실리콘 밸리의 Korea Innovation Center 글로벌 인재양성 프로그램까지 졸업한 최초의 장교였습니다.

얼핏 창업, 기업가 정신 등의 주제는 정부의 업무나 공무원의 길과는 거리가 있다고 생각할 수 있습니다. 하지만 창업과 기업가 정신이야말로 새로운 것을 창조하기 위한 특성화된 기술력, 도전정신, 인내심, 조직과 환경에 대한 이해, 리더십, 팔로우십 등 리더로서 갖추어야 할 모든 것을 내포하고 있습니다. 그래서 창업 준비 자체가 취업준비 이상의 조건이 요구되는 것입니다.

따라서 군의 지휘관이자, 정부 정책의 방향을 설정하고, 특히 방위사업청에서 국가사업을 수행하는 장상훈 소령에게는 더욱 좋은 기회가 될 것으로 기대하여 해당 프로그램을 적극적으로 추천하였습니다. 예상대로 장상훈 소령은 현시대의 흐름과, 경영학, 국민들의 요구, 4차 산업혁명의 기술을 융합하여 국방업무에 적용하고자 하는 고민을 끊임없이 하였고, 그 결과물로서 본 도서가 출판되게 되었습니다.

기술적 인재의 육성과 창업을 통한 생산성의 극대화는 우리 정부에서 끊임없이 고민하는 과제입니다. 그리고 그것이 실제로 효과를 발휘하려면 단순히 초기자본을 지원한다든지, 일회성의 간단한 세미나나 창업 아이디어 경진대회 정도로 그치지 않도록 더욱 노력해야 할 것으로 보입니다.

그러한 점에서 장상훈 소령이 제시하는, 국방의 의무 자체가 징병된 장병의 사회적 가치를 향상시키고, 이 과정 중 특출한 인재는 해당 국방 및 방산 업계의 진출을 장려하고, 나아가 창업까지 지원해야 한다는 의견에 깊이 공감합니다. 이미 이스라엘에서는 군사 엘리트에 대해서 군사창업의 교육과 지원을 시행해 그 효과가 입증되었기에 더욱 그렇습니다.

항상 국방의 의무를 수행하는 군인 여러분들의 노고에 감사드리며, 특히 국민에 대해 건전한 철학을 바탕으로 국가의 발전을 위해 항상 고민하는 장상훈 소령을 응원합니다. 비록 공직자라 직접 창업이 불가하지만, 도전과 효율, 미래지향적인 의지를 가지고 장병들이 제대 후에도 군에서 쌓은 경험과 지식을 바탕으로 각자 자신의 분야에서 역할을 하도록 해서 창의적이고 생산성 있는 국가로 거듭나는데 기여할 수 있도록 맡은 바 자리에서 늘 노력해주기를 바랍니다.

– 연세대학교 공학연구원 대외협력 부원장 김경호 교수

안녕하십니까? 과학기술정보통신부 산하 KIC 실리콘밸리 센터장 이헌수입니다.

저희 KIC 실리콘밸리는 세계 유수한 경영자들의 혁신정신과 창업가들의 기술을 토대로, 한국의 역량 있는 과학 기술 및 ICT 기반 강소기업의 글로벌 시장에서의 성공적인 육성과 재능 있는 청년들을 글로벌 인재로 양성하는 임무를 가지고 이곳 세계 혁신의 중심인 실리콘밸리에서 여러 프로그램을 진행하고 있습니다.

지금 한국뿐만 아니라 전 세계는 이른바 4차 산업혁명의 시대를 맞이하고 있습니다. 다보스 포럼에서도 언급한 바와 같이 이 변화의 물결은 그 속도가 몹시 빠르고, 그 범위는 사회, 경제, 문화의 영역을 뛰어넘어 지금까지의 그 어떤 혁명보다 파급력이 대단할 것으로 예상되고 있습니다. 따라서 이렇게 변화하는 세계 속에서 대한민국이 뒤처지지 않기 위해서는 미래를 예측하고 지속적으로 혁신의 과정을 거치는 것이 중요하다고 많은 전문가들이 입을 모으고 있습니다. 이에 KIC 실리콘밸리는 핵심 사업 중의 하나로 한국의 가장 우수한 자원인 인적자원을 혁신과 경영의 전문가로 양성하기 위해 불철주야 노력하고 있습니다.

그러던 중 예상하지 못하였던, 학생이나 직장인이 아닌 현역 해군장교 장상훈 소령이 공무원 중 최초로 이 프로그램에 참여하게 되었습니다. 참가자 대다수가 경영을 전공하거나 청년 창업가들인

국민고객을 위한 생산적인 국방업무

이곳에서 장상훈 소령은 적극적으로 수업에 참여하고, 학습한 내용을 국방 분야와 융합하며, 군과 정부의 본질과 혁신 방향에 대해 고찰하는 모습을 보였습니다. 이에 따라 4차 산업혁명의 시기에 대한민국 정부와 군은 이 변화를 리드할 수 있겠구나 하는 든든한 마음과, 우리 센터의 역할이 국가에 이바지할 수 있다는 확신을 가지게 되었습니다.

이 책이 KIC 실리콘밸리 프로그램과 4차 산업혁명 속 글로벌 인재양성의 중요성을 알리는 계기가 되어 많은 대한민국 청년들이 미래를 이끄는 글로벌 리더가 되기를 기원합니다.

– KIC 실리콘밸리 센터장 이헌수

한마디로 정말 많이 배웠습니다. 쉽지 않은 상황에서도 결과물을 내는 능력, 공감대를 찾아내어 사람들을 잘 이끌고 잘 어우러지게 만드는 능력. 이번 프로그램, 프로젝트를 진행하는데 있어 장상훈 형님은 속된말로 '미친 존재감'이었습니다.

강신현(자동차 사업가 & 여행가)

3주간 타지에서 프로그램 참가하시느라 수고하셨습니다. 해장만 열심히 하는 줄 알았는데 그 와중에 틈틈이 책 쓸 준비를 하고 계셨군요! 흐트러짐 없이 매일 운동도 하시고 매사에 최선을 다하시는 모습이 보기 좋았습니다. 이제 프로그램도 성공적으로 마치셨으니 간 건강 챙기시고 양주에서 소주로 갈아타시죠!

조승희(연세대학교 경영대 에이스 & 퀸카)

동기들 중 유일하게 공직자였던 상훈이 형이 우리들 모르게 실리콘밸리와 창업에 대해 책을 저술하고 있었던 것은 이번 탐사가 끝나고 한참 뒤에 알려진 사실이다. 군인의 입장에서 국가가 국민에게 제공해야할 서비스를 연구하고 '국민 고객'이라는 용어를 도입한 점은 다가오는 산업지각변동에 대한 고찰을 담고 있다고 본다. 그래서 다음 술은 언제 마시죠?

김승태
(고려대학교에서 유일하게 선발된 소프트웨어벤처 넘버원 에이스)

국민고객을 위한 생산적인 국방업무

항상 국민들을 위한 국방을 생각하는 대한민국 해군 장교가 형님이심이 자랑스럽습니다. 참신한 주제의 도서라고 생각되며, 이와 같은 생각들을 들으면서 많이 배웠습니다.

유민우(연세대학교 글로벌융합공학부)

글을 읽다보면 느껴지듯, 본인이 직접 군에서 겪었던 군인과 달리 상훈이 형은 상당히 유연한 사고로 세상을 바라보는데 그 점을 배워야겠다고 생각했습니다. 때로는 가벼운 친구처럼, 때로는 진지한 형님처럼 저희와 함께 해주셔서 감사했습니다. 상훈이형!! 신촌 꼼장어집에서 봐요!!^^

김성산(Sunflower Tripod 대표)

국민과 국가의 관계를 비즈니스 관점으로 정의하고 이를 위해 국가가 나아가야할 방향에 대해 새롭게 해석하는 내용이 흥미로웠습니다. 군에도 국민을 위해 항상 새로운 변화를 하고자 하는 현역 장교들이 우리 곁에 있다는 것이 참 자랑스럽습니다.

박상엽(로켓브라더스 대표)

추 천 사

도움! 도움! 맙소사 이와 같은 책은 어디서 오는 것입니까? 혹여 가보로 내려옵니까? 나의 공중제비를 멈추게 하십시오! 여행 간 요세미티는 사상 최악의 산불. 방문한 페이스북은 다음날 24프로 주가 폭락. 대-상훈의 실리콘 밸리의 일대기가 시작된다. 도움! 도움! 맙소사 대-상훈의 실리콘 밸리의 일대기가 시작된다.

한지웅(네이버 재직 중)

국민고객을 위한 생산적인 국방업무

차 례

머리말

위탁교육 중의 위탁교육

군 위탁교육이란 여느 다른 기관의 위탁교육과도 같이 우리나라 군 외의 다른 조직에 군 요원의 교육을 위임하는 제도이다.

장교의 경우에는 통상 학사를 졸업한 후 임관하기 때문에 대다수 석사 및 박사과정의 교육을 가는 경우가 많다. 운 좋게도 나는 사관학교에서 국제관계학과를 졸업했지만 연세대학교에서 전기전자공학 석사과정으로 위탁교육을 받을 수 있었다. 이쯤만 해도 새로운 학문에 머리가 아팠는데, 그 연세대학교에서 전기전자인 내 석사 전공과 다르게 경영학 분야로 연수를 보내주었다.

현역 군인이 민간 위탁교육은 많이 가지만 민간 위탁교육 기관이 또 다른 민간 위탁교육 기관으로 군인을 보내는 경우는 드문데, 이것은 무척이나 독특한 경험이었다.

그렇게 떠난 곳은 미국 실리콘밸리의 버클리 대학이었고 그곳에서 이루어지는 KIC 주관 혁신과 경영분야와 관련하여 Harrisburg와 Think tomi의 합동 교육을 받았다. KIC란 Korea Innovation Center로, 한국의 미래 경영자들의 글로벌 시장진출을 효과적으로 지원하고, 특히 4차 산업혁명에 대비하여 국가적으로 인재를 육성하기 위해 만들어진 시설이다.

과연 세계의 판교, 창업과 혁신의 본고장 실리콘 밸리는 셀 수도 없을 만큼 많은 글로벌 인재들이 모이고 있었고, 새로운 아이디어, 능수능란한 경영과 고객 접근 방법에 관한 토의가 활발했다.

이른바 4차 산업혁명, 파괴적 혁신, 미래 예측에 대해서 많은 고민과 불안을 느끼는 것은 기업뿐만 아니라 정부도 똑 같다. 그도 그럴 것이 역사적으로 아주 거대하고 똑똑한 조직과 경영자들이, 당시 최고의 능력과 의사결정 모델을 사용하고도, 또는 역설적으로 그랬기 때문에, 실패한 다수의 사례가 충격적이었기 때문이다. 더욱이 시대가 흐르면서 변화의 속도는 점차 빨라졌으며, 한 번 방향을 잡다가 벌어진 실수는 조직의 회생이 불가능할 정도의 후퇴를 의미하게 되어 더욱 그렇다.

거기다 2016년 4차 산업혁명이라는 화두가 세계경제포럼에서 언급되면서 이러한 파괴적 혁신과 급진적 변화가 더욱 더 주목받게 되었다. 그러다보니 기업도 정부도 변화를 확인하고 혁신을 하여 새 시대를 주도해야 한다는 의견과 의무감이 가득하다.

그러나 정작 4차 산업혁명이 무엇인지 모두가 동감할 수 있는 정의를 내리거나, 정확한 방향을 제시할 수 있는 사람은 없다. 심지어 우리나라를 제외하고 국제적으로는 '4차 산업혁명'이라는 단어 자체를 잘 사용하지 않는다. 다만, 시대 변화의 속도가 엄청나게 가속화되어 자연스럽게 우리 앞에 당면한 현실을 받아들이고 맞추어 나가려는 움직임이 없으면 생존할 수 없다는 현상이 강조될 뿐이다.

그렇다면 그 현상에 적응하기 위한 변화는 어떻게 추구해야 하는 것일까?

산업혁명의 이야기든, 조직 혁신에 관련한 내용이든, 경영에서 필수적으로 우선되어야 하는 것은 '우리 조직은 과연 무엇인가'에 대한 본질적인 연구이다. 이 설정을 잘못한 채 경영을 하거나 조직을 개혁하는 경우에는 안 하니만 못한 위험한 결과를 초래할 수 있으므로 신중해야 한다는 것은 전 세계가 공감한다. 결국 변화와 경영의 방향을 설정하기 위해서는 조직의 본질에 대한 충분한 이해가 필요한데, 이는 쉽지 않다.

예를 들어 어느 기업의 상당한 베테랑 직원이라 할지라도, '우리 회사는 무엇일까. 우리의 서비스나 제품이 추구해야할 가치는 무엇일까?'라는 질문에 쉽게 대답하지 못할 것이다. 이는 기업의 경영, 철학, 경제, 사회를 모두 포함한 업의 본질에 관한 문제일 뿐 아니라 시대와 환경의 변화를 함께 담고 있기 때문이다. 그래서 각도에 따라 달리 말할 수 있고, 어제와 오늘의 답이 다를 수 있다.

만약 이 질문에 '거침없이' 대답하였다면 그 답은 크게 두 부류로 나눌 수 있다.

하나는 누구나 옳다고 생각하는 보편타당한 상식을 답으로 제시한 경우이다. 이것은 괜찮다. 참신하지 않아도 답이 되고, 새로운 길을 개척할 때에도 항상 척도가 되는 것이다. 그러나 누구나 말할 수 있는 상식의 내용이 아닌데 논리적으로 정답을 제시한다면 의심해보아야 한다. 이유는 3장에서 설명하겠지만, 통상 이런 합리적인 대답이 거대한 기업을 몰락시킨 원인인 경우가 많았기 때문이다. 그래서 조직의 본질, 기업과 직업의 본질에 대한 고찰은 '당연한 상식' 더하기 '그 무엇인가'이다. 그 무엇을 어떻게 찾을 수 있을까?

자신의 모습을 본다고 생각해보자.

내가 어떻게 생겼지? 내 눈, 코, 입은 어떻게 배치되어 있고, 어깨너비는 어느 정도이며, 팔 길이와 다리길이는 얼마나 될까?

그러나 스스로 아무리 내려다보아도 장님이 코끼리 만지듯 제한적이다. 그래서 우리는 '거울'을 사용한다.

단순히 거울이면 될까? 손거울로 얼굴을 보면 그것이 나인가?

손거울은 몸을 온전히 비추지 못한다. 결국 내 모습을 전체적으로 보기 위해서는 거울, 그것도 나를 온전히 담을 수 있는 큰 거울이 필요하다. 만약에 그러한 거울이 없다면 손거울로 각 부분을 비추어 상상으로 결합하는 수밖에 없다.

그런데 나의 형태가 아닌 평가, 즉 사람으로서의 본질은 어떻게 알 수 있을까? 내 형태를 비추어주는 거울과 같이, 나라는 사람을 비추어 주는 것은 무엇일까?

그것은 당연하게도, 결국 '나를 바라보는 사람'이다. 그러나 손거울과 같이 조그마한 것, 단편적인 한두 사람으로는 내 모습을 모두 담을 수 없다. 전신거울 같은 것이 있으면 좋겠지만 나의 다면을 모두 비추어주는 사람이란 실상 없다고 볼 수 있다.

따라서 가족으로서의 나, 부하로서의 나, 상관으로서의 나, 친구로서의 나, 조직 구성원으로서의 나, 내가 판단하는 나 등 모든 평가가 담긴 작은 거울을 합치고 상상의 나래를 펼치고 나서야 겨우 내가 어떤 사람인지 조금이나마 짐작할 수 있다.

그러면 조직에 있어서의 거울은 무엇일까? 조직은 특정 목적을 위해 사람들로 구성된 시스템이고 집합체이다. 즉, 이 역시도 사람이 그 거울이 된다. 직원들에게의 조직, 사회 구성원 개인들에게의 조직, 다른 조직과의 관계 속에서의 조직 등.

이 모든 관계는 왜 맺어졌는가?

당연히 조직의 목적과 그 목적을 이루기 위한 임무를 수행하던 중 만들어졌다. 그러므로 저 많은 관계 중 가장 중요한 것은 이 조직과 이해관계가 있고, 존재를 필요로 하는, 조직을 탄생하게 만든 사람, 즉 '고객'이다. 고객을 위해 어떤 서비스를 제공하거나 어떤 제품을 생산하기 위해서 구성원이 형성되고, 사회적인 지원을 받아 그 책임을 지니고 다른 조직과의 협업이 유지되기 때문에 사실 모든 것의 시발점은 조직의 목적, 그 대상이 되는 사람인 고객이 되는 것이다. 따라서 앞서 언급한 바와 같이 조직을 어떻게 경영해야 하는가를 알기 위해서는 조직의 본질을 다루는 고객을 파악해야 한다.

조직의 본질에 대한 질문은 다음에서 시작된다고 하겠다.

"우리의 고객은 누구인가?"

이 질문은 그냥 고객이 누구냐는 것이 아니다. 정말로 세분화된

국민고객을 위한 생산적인 국방업무

고객이 누구인지, 이들은 정확히 무엇을 원하는지, 이들의 요구는 시대가 변함에 따라서 어떻게 바뀌는지, 또 우리 조직은 요구하는 모든 것들을 어떠한 기준으로서 어디까지 만족시켜주어야 하는지를 모두 내포하고 있는 상당히 큰 범위의 이야기이다.

이 책은 정부조직의 예시로 군을 제시하고, 이와 함께 정부 경영과 혁신의 방향에 대해서 고민한 결과를 담고 있다.

군을 예시로 든 이유는 첫째, 징병제라는 특별한 상황에서 국민을 만족시킬 수 있는 경영의 방향 설정이 몹시 까다롭기 때문에 정부 기관 중에서도 특히 다양한 각도로 고민을 할 수 있기 때문이다.

둘째는 군이란, 역사를 통틀어 국가를 어떠한 형태로든 유지하기 위해서는 꼭 필요한, 해체 불가능한 조직이기 때문이다.

셋째는 장교로서 가장 많이 체험해본 군이라는 조직에서 병들과 대화를 나누면서 그들의 고견을 기록하고 싶었기 때문이다.

이 책은 다음과 같이 구성되어있다.

1장은, 4차 산업혁명의 시대를 다루었다. 너무도 유명한 내용이지만 실제로 실체는 잘 잡히지 않는 이 주제를 정의하고 정리해 보았다. 그리고 이러한 시대에 미래의 전장과 군은 어떻게 만들어질 것인지 상상하며 시야를 넓힌 다음, 어떻게 경영하는 것이 좋을지 여러 의문을 제시해보았다.

2장은, 1장과 같은 4차 산업혁명의 시대가 개막하면서 지금까지의 전근대적인 시대를 넘어, 정보화 시대의 의식이 달라지기 시작한, 혐오의 시대의 종말을 다루었다.

지금까지의 거대 조직경영과 정치의 큰 줄기는 인기의 싸움이었다. 민주주의 사회에 이는 자연스럽게 형성될 수밖에 없는 당연한 것이지만 그 심각한 부작용으로 바로 혐오의 시대가 만들어졌다. 지역별로, 성별로, 출신별로, 나이별로 다양하기도 하다. 그리고 그중 인기가 많은 쪽이 점차 더 큰 목소리를 내는 사회로 바뀌어간다. 이는 인터넷 언론과 각종 소셜 미디어의 발달로 더욱 다양하고 파급력이 커졌다.

그러나 점차 반복되는 갈등 속에 국민들은 싸워야할 대상보다는 바른길을 찾아갔고, 무언가를 욕하면서 시간을 보내기보다는 무엇이 옳은가를 고민하게 되었다. 특히, 과거에는 제한된 정보의 일방통행이었지만, 이제는 기술의 발달로 다양한 각도의 의견을 듣고 의견을 낼 수 있는 시대이다.

그러면 어떠한 시대가 만들어질까?

상식적으로 옳고 효율적이고 합리적이며, 옳은 것, 좋은 것이 주도하는 시대가 도래할 것으로 예측된다. 혐오를 조장하는 편 가르기 뒤의 상식적이고 가치상향적인 것을 추구하는 움직임 말이다.

3장은, 고객과 기업의 관계에 대한 내용을 정리하기 위해서 경영학의 필독서라고 할 수 있는 innovator's dilemma의 사례와, 한국의 몇몇 기업의 혁신과 성공에 대해서 소개했다. 이를 통해 조직의 올바른 변화, 개혁의 방향을 고찰하기 위해서는 역시 고객에 집중하는 것, 고객이 진정으로 원하는 것을 파악하는 것이 답이라는 확신을 가질 수 있었다.

4장에서는 고객과 기업의 관계에서, 국민과 정부의 관계를 이끌어내 보았다. 그 중에서도 현재 특히 징병되었던 국민들을 그나마 만족시킬 정부의 다양한 방법을 고찰하였다. 그리고 이 모든 국민, 즉 국민고객과 이들을 만족시키기 위한 노력, 고객의 욕구를 충족시킬 합당한 방안이 무엇인지에 주목하였다.

5장에서는 고객들의 욕구를 만족시킬 방법을 과연 찾을 수 있는지, 안된다면 차선의 노력은 무엇인지를 살폈다.

마지막으로 6장에서는 앞서 살펴본 내용을 바탕으로 우리 군과 정부조직 개혁의 방향을 고민해보고, 린 캔버스를 이용하여 다양한 고객을 만족시킬 방안이 적절한지 등을 논의했다.

장상훈

국민 고객

을 위 한

생 산 적 인

국 방 업 무

1장

지금, 4차 산업혁명

역사가 되지 않기 위한 노력

- 4차 산업혁명에 대해서 군사적으로 이야기를 해보자.
- 제일 무서운 상황은 10만 대군을 만들었더니 그 부대 위에 팻보이나 차르봄바가 떨어지는 것이지.
- 아니면 전쟁준비를 실컷 했더니 싸우지 않고도 국민들이 우리가 이겼다, 또는 졌다 하고 종전하는 거지.
- 그럴 수도 있을까?
- 있지. 승부의 방법이 변했기 때문에.

4차 산업혁명이라는 단어는 2016년 다보스 포럼의 회장인 클라우스 슈밥이 공식적으로 발표하면서 전 세계적으로 뜨거운 감자 그 자체가 되었다. 워낙에 유명한 내용이라 사람들은 제목만 보고도 '또 그놈의 4차 산업혁명!'이라고 질려버리기도 한다. 그럼에도 불구하고 언급하는 이유는 지금의 시대적 배경을 설명할 필요가 있기 때문이다.

4차 산업혁명이 왜 이렇게 주목받는 것일까?

다양한 이유가 있지만 크게 세 가지로 볼 수 있다.

첫째는, 지금의 따라가기 힘들 정도의 빠른 변화가 그야말로 혁명적이라 느껴 이 현상에 대해서 '4차 산업혁명'이라는 제목을 붙이는데 모두가 동감하기 때문이다. 이와 함께 이미 2011년 독일에서 시작한 '제조업 4.0 프로젝트' 등 선진국의 미래지향적 정책연구 소식을 들으며 우리가 이미 늦었다는 압박감까지 작용해서 더욱 그럴 것이다.

그러면서도 대체 4차 산업혁명이 무엇일까에 대한 공통되고 합의된 정의의 부족이 호기심을 자극한다. 즉, 혁명적으로 빠른 변화의 물결에 대한 놀라움은 있는데, 이것을 꿰뚫는 정의에 대한 설명이 부족하여 발생한 호기심 때문으로 보인다.

둘째는 단어 노출에 따른 바이럴 마케팅이다. 이른바 세계경제포럼의 회장이 공식적으로 언급하자 그동안의 변화를 감지하고 있던 많은 조직과 사람들이 앞다투어 언급하는 것이다.

미래지향적이고 놓치면 큰 흐름에서 뒤쳐질 것 같은 느낌의 이 단어는 마치 유행을 타듯, 어떤 분야를 주장할 때 항상 조합 가능한 이름이 되었다. 그래서 항상 누구나 선진 기술을 운용할 때 4차 산업혁명이라는 단어를 쓰다 보니 계속적으로 노출되는 것이다.

셋째로, 4차 산업혁명이 가지는 단어의 범위가 너무 포괄적이라는 것이다.

한국정보통신기술협회에서는 4차 산업혁명을 '인공지능, 사물인터넷, 빅 데이터, 모바일 등 첨단 정보통신기술이 경제, 사회 전반에 융합되어 혁신적인 변화가 나타나는 차세대 산업혁명'이라고 설명했고, 클라우스 슈밥은 거기에서 나아가 '단순히 기기와 시스템을 연결하고 스마트화하는데 그치지 않고 유전자에서 나노기술까지의 훨씬 넓은 범주를 아우르는 산업혁명'이 될 것이라고 말했다.

그러다보니 인공지능, 사물인터넷, 빅 데이터, 모바일 등 첨단 정보통신기술, 첨단 의료기기, 유전자, 나노기술, 무인화 등 모든 현대의 첨단화된 기술을 활용하는 분야에 '4차 산업혁명을 주도하는, 발맞춘 기술'이라고 표현할 수 있게 되었고 실제 그렇기도 하다.

앞서 살펴본 것과 같이 4차 산업혁명은 모든 첨단 분야에 어울릴 수 있는 단어이고, 가장 중요한 특징은 역시 모든 분야와의 '융합'이다. 그리고 이 모든 분야를 아우른 기술과 기술의 융합이 또 다른 발전으로 이어진다는 것 역시 핵심적인 특징이다. 따라서 기술적인 면에서 4차 산업혁명에서 주목하는 분야는 산업통상자원부에서 조사한 바와 같이 당연히 '초연결(Hyper Connection)과 초지능(Hyper Intelligent)'이다. 융합을 실현하는 다양한 초연결을 통해서 인간 영역 이상의 센서 값의 결과를 인간의 지능을 추월한 인공지능에 연결시켜 스스로 학습함으로써 인류에 새로운 장을 마련할 것으로 기대되기 때문이다.

대략 4차 산업혁명이 이런 느낌의 것이고 뭐가 핵심인지는 정리가 되었는데, 그렇다면 이것이 우리의 삶에 어떠한 영향을 미치게 될까? 일단은 '산업혁명'에 주목해서 변화의 흐름을 살펴보자.

공식적으로 인류에게는 3차례의 산업혁명이 있었다.

1차는 18세기 증기기관의 발명과 철도건설에 따른 산업혁명이다.

이것이 인간의 삶에 미친 영향에 대해서 크게 두 가지의 의미를 찾을 수 있는데 우선 기계가 인간의 노동력을 대체하기 시작했다는 것이고, 다른 하나는 인간의 공간이 좁아지기 시작했다는 것이다. 즉, 힘과 거리의 한계가 극복되기 시작하였다.

2차는 19세기 후반에서 20세기 초까지 전기기술과 생산라인의 발달로 이루어진 산업혁명이라고 할 수 있다. 이것 역시 두 가지의 의미로 나누어 생각할 수 있다.

하나는 밤에도 전기를 통해서 일을 할 수 있는 시간적인 한계를 극복한 것이고, 또 하나는 전기와 대량생산을 통해 절대적 빈곤을 상당히 극복한 것이다.

3차는 20세기 후반, 컴퓨터와 인터넷의 발전으로 이루어진 정보화 시대의 산업혁명이다. 이는 인류의 공간과 시간의 한계를 비약적으로 제거해 주었으며, 나아가 인터넷상에 자신의 정체성과 이미지를 가진 아바타가 만들어지기도 했다.

결국 1, 2, 3차 산업혁명은 모두 다른 시대에 다른 의의를 가진 사건들이었으나 새로운 기술을 토대로 전 세계인의 생활양식과 의식, 문화를 과거와 분리시켰으며, 먼저 적응한 국가와 기업이 경제와 문화 부분에서 압도적인 권력을 가진다는 공통점을 가진다.

그러면 산업혁명이 진행되는 흐름에서의 규칙성을 읽어보자.

첫째로, 1차 산업혁명에서 2차 산업혁명까지는 1~2세기가 넘게 걸렸는데, 3차 산업혁명은 그로부터 1세기가 걸리지 않은 것을 보면 어떤 대대적인 변혁의 포인트 단위가 점차 짧아진다는 것을 알 수 있다. 굳이 다양한 소스를 제공하지 않더라도 기술과 시대의 변화가 점차 빨라진다는 느낌은 누구나 있을 것이다.

둘째는 기계, 전기, 인터넷의 발달과 같이 영향을 미치는 대상이 더욱 광범위해지고 영향력 자체가 강력해진다는 것이다. 심지어 공간적·시간적 한계를 다수 극복한 만큼 그 파급력과 속도도 몹시 크고 높아지고 있다.

결론적으로 가장 최근의 산업혁명인 4차 산업혁명은 앞선 산업혁명에 비해서 대부분의 분야에서 강력한 영향력을 발휘하게 될 것이다. 실례로 미국에서 첫 상업용 자동차가 소개되고 자동차라는 존재가 마차를 대체하는 데까지 걸린 시간을 통상 20년으로 본다. 반면에 2007년 아이폰이 소개되고 스마트폰 사용자가 20억을 넘는 데에는 10년도 걸리지 않았다.

이는 기업의 성장에서도 살펴볼 수 있는데 구글은 창립 5년 만에, 페이스북은 6년 만에 연 수익 1조 원을 넘어서 이른바 유니콘 기업으로 분류되는, 지금까지는 없었던 성장 속도를 보여주고 있다. 유니콘 기업이란 환상의 동물인 유니콘과 같이 고도의 성장속도를 가진 기업을 의미하는 단어로, 과거에는 볼 수 없는 빠르고 거대한 성장을 보여주는 기업이다.

지금까지의 설명으로 보면 마치 산업혁명의 핵심이 '다른 조직이 따라올 수 없는 급진적 발전 속도'와 같은 변화와 속도의 크기인 것 같지만 이는 반만 맞다.

모든 기업과 정부에서 두려워하는 것은 속도도 속도지만 이때 나타나는 역사의 나눔, 이른바 '파괴적 혁신'에 관한 것이다.

본래 파괴적 혁신(Disruptive Innovation)은 경영학 용어로서, 주류시장이 아니거나 서비스를 받지 못하던 소비자 시장에서 어떤 제품이나 서비스가 대두되면서 주류 시장으로 이동하는 현상을 의미했다. 하지만 엔터프라이즈 재단의 회장인 피터 디아만디스는 기술변혁에 대한 기하급수적인 요소를 설명하면서 파괴적 혁신을 '새로운 시스템을 창조하고 기존 시스템을 파괴하는 모든 혁신'으로 정리하였다. 또 이는 한 번 발발하면 후발주자가 따라갈 수 없을 정도로 선두에 선 그룹이 유리할 것으로 첨언하였다. 물론 이 혁명의 시대에서 말하는 파괴적 혁신은 후자에 훨씬 가깝다.

앞서 언급된 스마트폰의 예를 들어보자.

불과 2000년대 초반만 하더라도 이른바 얼리어답터들의 모습은, 귀로는 MP3 플레이어로 음악을 듣고 슬림한 피처 폰을 셔츠 주머니에 넣고 다니며 디지털 카메라로 촬영한 제품들을 본인의 개인 홈페이지나 블로그에 게시하고 평가했다. 하지만 스마트폰이 소개된 후 오늘날 특정 마니아 계층을 제외하고는 이들의 필수품이었던 MP3 플레이어, 피처 폰, 디지털 카메라 등은 사회의 뒷면으로 순식간에 사라졌거나 사라지고 있으며, 이들이 찍은 사진은 훨씬 더 간편하게 업로드할 수 있는 새로운 소셜 미디어에 기록된다.

기존의 얼리어답터들은 어디로 간 것일까? 압도적인 기술력에 밀린 것인가? 그러면 이 파괴적 혁신은 기술 주도적인가? 제품의 높은 성능이 파괴적 혁신의 주역이라고 할 수 있는 것인가?

기존의 제품군과 스마트폰과의 차이를 보면, 인터넷은 컴퓨터로 사용하는 것이 훨씬 편리하고, 음질은 작고 가벼운 MP3 플레이어와 비슷하며, 사진의 품질은 디지털 카메라에 비해 뒤쳐진다. 다만 스마트폰의 능력은 걸어 다니며 인터넷을 사용할 수 있고, 전화와 문자를 할 수 있으며, 사진을 찍고 음악을 들을 수 있는 정도이다. 그러나 그 모든 기능이 불편함이 없는 수준이라고 할 수 있다. 즉, 말이 스마트폰이지 기존의 제품군들에 비해서 분야별로 차별화된 능력과 기술력을 앞세운 제품이 아니라 항상 가지고 다녀야하는 전화기에 새로운 기능을 부여한 그 어떤 것이라는 설명이 더 정확할 것이다. 즉 단순하게 기술적으로 앞서는 것이 파괴적 혁신을 주도한다는 설명은 한계가 있다.

결국 이 스마트폰은 컴퓨터, 전화기, 카메라, MP3 플레이어의 성능을 모두 뛰어넘는 기기라기보다는 통신, 오락, 정보통신 등을 한 손에 가지고 다닐 수 있는 '새로운 가치의 탄생'을 의미한다고 하겠다.

하지만 사실 이 새로운 가치의 탄생은 기본적으로 뒤처지지 않는 기술력이 기반이 되어야한다. 기술적인 새로운 가치의 탄생이 무에서 창조되지는 않기 때문이다. 여기서 파괴적 혁신이란 절대적인 기술의 우위가 결정짓는 것이 아니라는 것을 이야기하고자 한다.

1990년대의 유명한 휴대폰 광고를 보면, '걸면 걸리는'이라는 문장을 앞세워 통화의 질에 관한 홍보를 했었지만, 2000년대 초반에는 '휘파람 소리와 동일한 벨소리' 등 또 다른 기술을 가치로 내세워 음악 기능을 추가한 마케팅을 추진하였다. 그러다 2000년 후반에 와서는 '연예인을 만질 수 있는' 터치가 가능한 스마트폰이 시장에 등장하기 시작하여 '카메라 성능'이나 '처리 속도'에 집중하더니, 지금은 잘생긴 외국인들이 등장하여 다양한 기능을 사용하면서 그 이미지 자체를 홍보하고 있다.

결국 여러 가지 다양한 기술 중에서 무엇인가는 새로운 가치로 대두되고, 이것이 기존과 구분되는 새로운 가치로서 자리 잡게 되면, 빠르게 가치의 교체가 이루어진다.

그러면 교체된 후 기존에 추구했던 가치와 기술들은?

찾아보기 힘들다. 마치 과거의 걸면 걸리던, 휘파람 소리가 나던 휴대폰들을 찾기 힘든 것과 같이. 결국 이 혁명에 대해서 진짜 두려워하는 것은 파괴적 혁신에 의해 기존의 가치와 기술이 지나간 역사가 되어버리는 것이다.

조직도 마찬가지다. 이제 시대에 편승하지 못한 조직이 회생하기란 거의 불가능에 가깝다. 그래서 러닝머신 위를 달리는 것과 같이 속도나 달리는 방향이 바뀌었는지도 모르고 원래의 달리기만 고수한다면 고생만 하거나, 뒤로 달리고 있는 것과 같은 결과를 낳게 한다.

정리하자면 4차 산업혁명이란 육체적 정신적인 것을 포함해서 사는 환경, 문화, 경제 등 모든 분야에서 파괴적 혁명이 수시로 일어나는 것이며 우리의 삶은 이 영향으로부터 벗어날 수 없다는 것이다. 클라우스 슈밥은 이를 보고, '4차 산업혁명은 우리 자체를 변화시킬 것'이라고 표현했다.

국방 분야는 다를까? 법으로 단단히 묶어서 변화의 홍수에 둑을 쌓을 수도 있다. 그러나 이러한 방법은 조직 자체, 즉 국방업무의 주관부서 또는 정부 자체를 시대의 뒤꼍으로 보내어 버릴 수도 있는 위험한 행동이다.

그렇다면 군은 어떠한 경영을 고려해야 할까?

첫째, 기술적·물리적으로 파괴적 혁신의 선두가 되려는 노력을 해야 한다. 근대전의 아버지라 일컬어지며 창검의 전쟁에서 총의 시대를 만들었다는 스웨덴의 구스타프 아돌프스는, 소구경 기마포 부대 양성과 경량화된 머스킷의 보급으로 그간의 파이크 및 중기 병들의 전투를 역사의 뒤안길로 보내버렸다.

또 바다와 하늘을 장악하는 움직이는 국가, 항공모함은 어떠한가? 영국의 드레드노트, 독일의 비스마르크, 일본의 야마토에 대해 태평양 전역에서 압도적인 전력 차이를 자랑하며 거함거포주의의 시대를 항모기동전술의 시대로 변모시켜버렸다.

이들은 전쟁에 있어서 어떻게 새로운 시대를 만들었을까?

구스타프 아돌프스의 경우에는 당시의 경량화되는 대포와 소총을 보고, 항모의 경우에는 1903년 라이트 형제의 플라이어 비행의 성공을 보며, 이것이 각각의 분야에 융합할 수 있고 비대칭적 전력으로 만들 수 있을 것이라 생각하여 시도한 끝에 새로운 가치를 창출해내었을 것이다.

지금 현재에는 융합할 수 있는 기술이 없을까?

당장이라도 적용할 수 있는 것들이나 진행하고 있는 것들은 꽤 많다.

요즘 거리를 돌아다니면 VR 존이라는 곳을 볼 수 있다. Virtual Reality, 즉 가상현실을 뜻하는 이 기술은 어떤 특정한 환경이나 상황을 만들어서 사용자에게 보여주고 반응함으로써 마치 실제로 주변의 상황과 상호작용을 하는 것처럼 만들어 주는 기술이다. 이 VR 기기를 착용하고 프로그램을 실행하면 굳이 놀이공원에 가지 않더라도 롤러코스터를 타는 기분을 느끼거나 게임을 하면서 온갖 밀실을 돌아다니고 장치를 작동할 수 있다.

군사적으로 적용하자면 무기체계의 조작감각을 사전에 경험하고 습득할 수 있는 교육훈련의 좋은 방안이 될 것으로 판단된다. 아니면 로봇이나 위성이 탐색한 위험한 작전지역에 인원을 투입하기 적절한지 등을 살펴보는, 사전 답사 프로그램으로 활용하는 데에도 좋을 것이다. 뿐만 아니라 평소에 함부로 분해할 수 없는 장비 등의 정비교육용으로도 적합한데, 이미 우리나라 군에서도 전차의 장비를 가상현실로 교육하는 프로그램이 개발되고 있다.

이러한 노력을 통해서 현재 소비되는 부지, 건물, 장비운용, 정비 및 유지비 등 교육에 투입되는 부가적인 요소를 상당히 절감할 수 있을 것으로 판단되며, 특히 입력하는 데이터들을 빅 데이터화하여 AI(Artificial Intelligent) 즉 인공지능에 연결하면 새로운 전술 및 정비기술의 탄생도 가능할 것이다.

예를 들어 전투기를 어떤 상황에 어떻게 운행했는지에 따라서 엔진의 사용, 비행 방향과 각도 등을 파악할 수 있고, 접촉물과의 거리 및 방위 등을 분석했을 때 어느 상황에 어떻게 행동하는 것이 가장 적절한지 알 수 있다. 또한 전투함이 유도무기 등에 의해 파괴되어 복합적인 정비 상황이 발생했을 때 전투력을 유지할 수 있는 가장 효과적인 장비정비 순서는 무엇이고, 응급처치 방안은 무엇인지 그 방법을 마련하는데 활용할 수 있다.

또 지금 이루어지는 군함에서의 소화방수 훈련 같은 경우에는 화재상황에서 도면을 펴두고, 인접격실에 탄약이 보관되어 있다면 소화를 진행하면서 벽면을 먼저 냉각하고 환자를 이송하는 등의 동시다발적인 업무를 지시하고 수행해야 한다. 실전상황에서 이를 사람이 냉정하고 침착하게 진행하는 것은 어렵지만 도면이나 해당 격실의 온도센서 등이 연계되어 있는 AI 스피커 등이 권고사항을 알려준다면 훨씬 안정적인 임무수행이 가능할 것이다.

비슷한 예시로 한때 포켓몬스터로 유명했던 AR(Augmented Reality) 즉 증강현실도 있다. VR은 사전에 가상화된 환경을 제공하여 학습에 적합한 개념이었다면 AR은 실시간으로 현실내용에 가상화된 정보를 제공하는 것이다. 잠깐 이슈가 되었다가 지금은 각종 개선이 이루어지고 있는 구글 글래스 같은 것들을 보면, 길 안내에서부터 길 위에서 마주치는 형상에 대해 정보를 제공할 수 있다.

여기다 VR에서 축적된 데이터를 사용해보자. 예를 들어 전투기를 운용하는 각종 상황의 데이터를 AI가 AR기술을 통해서 가장 적합한 운용법을 권고 한다면?

그 피드백 데이터의 분석을 통해서 더욱 뛰어난 전술이 탄생할 수 있을 것으로 기대되며, 모든 무기체계에서도 그러할 것이다.

정비 분야에 있어서는 장비 상태센서, 설계도, 부품형상, 정비절차서, 정비사례, 기술교범 등을 연동시킨다면 정비자가 안경을 끼고 장비를 보는 것만으로도 어느 개소에 이상이 있는지 추적할 수 있고, 설계 대비 어떤 점이 다른지, 과거에 어떻게 정비하였는지 등도 제공될 것이다.

AI가 급박한 전투상황에서 활용이 된다면 작전 효율성의 대폭적인 향상은 물론이고, 평소에도 데이터를 축적해 인사, 정보, 작전, 군수, 법무, 의무, 행정, 복지체계에도 물론 적용할 수 있다.

일례로 미국 앤더슨 암센터에서는 왓슨이라는 인공지능 컴퓨터가 암을 진단하고 있고, 심지어 96%의 정확도를 자랑한다. 이는 센터에 근무하는 1,200명의 인원들보다도 더 높은 수치이다.

1차 산업혁명 때 기계가 인간의 노동력을 추월한 것과 같이 지금은 기계가 인간의 지능을 추월하고 있다. 이제는 기계의 지능을 의심할 것은 없으며 어디에 어떻게 사용하느냐가 더욱 중요하다. 그렇기 때문에 이와 관련된 기술들을 연구하는 사람들과 국방업무를 하는 사람들이 적극적으로 만나서 융합하려는 노력이 꾸준히 이어져야할 것이다.

특히나 이러한 융합의 과정에는 현장 실무자의 의견과 관점이 몹시 중요하기 때문에 간부뿐만 아니라 병의 경우에도 각자의 특기를 활용해서 성장한 후, 우수한 기술을 가진 연구원들과 함께 상생하는 활로를 열어주는 것도 좋을 것이다.

둘째, 가치의 파괴적 혁신의 선두가 되기 위해 노력해야 한다.

전쟁이 항상 국가 대 국가의 총력전이었던 것은 아니다. 용병전으로 진행되는 경우도 많았으며, 오늘날과 같이 잠수함에서 발사하는 핵미사일 등의 비대칭 무기체계가 총력전이 벌어지기 전 전쟁 억제의 기능을 담당하기도 한다.

공개된 정보에 의한 국가 간의 전력 차이는 명확히 전쟁의 발생을 예방하는 효과가 있으며, 이 군사력은 경제력과 기술력에 의해 상당히 파악된다.

Global Fire Power에 따르면 2016년 기준 국방비는 미국, 중국, 사우디아라비아, 영국, 러시아, 일본, 인도, 독일, 프랑스, 이탈리아 순으로 우리나라는 11위로 기록되고 있다. 또 군사력은 미국, 러시아, 중국, 인도, 프랑스, 영국, 일본, 터키, 독일, 이탈리아에 이어서 우리나라이다. 똑같이 11위다. 국방비가 군사력과 정확히 일치하지는 않지만 그전까지 투입된 비용과 역사 등을 고려하면 상당히 비례한다는 것을 알 수 있다.

미래에 영화 속 아이언맨 같은 무기체계가 일반화되어 이들로 전쟁하는 시대가 펼쳐진다고 가정해보자. 일반적인 사람은 전쟁에서 아예 배제된다. 이는 전투기술의 발전이 상당히 이루어진 미래에는 현재와는 비교되지 않을 만큼 큰 무력의 차이가 있을 것이라고 예측되기 때문이다.

과거에는 청동검과 강철검, 활과 총의 비교수준이었다면, 지금은 총과 미사일의 차이, 재래식 미사일과 핵미사일의 차이이며, 향후에는 더욱 거대한 차이가 발생할 것이다.

이러한 미래를 가정했을 때, 국가 간의 투자에 따라서 A라는 나라는 아이언맨 1에 나오는 초기 철갑모델을 쓰는데 B라는 나라는 어벤저스에 등장하는 나노 슈트를 입은 아이언맨을 사용한다면 너

국민고객을 위한 생산적인 국방업무

무나 결과가 뻔해서 전투를 시작하지도 않을 것이다. 아니면 너무나 고도화된 기술력을 가져서 모든 아이언맨들을 해킹하여 마음대로 조종할 수 있다면, 과연 전투를 시작할 가치가 있을까?

전쟁론의 저자 클라우제비츠는 전쟁에 대한 정의를 '국가가 다른 국가에게 정치적 목적을 위해서 수행하는 무력행위'로 규정하였으며, 전쟁이 발생하는 원인의 핵심을 상대방이 서로 무엇을 할지 모르는 '불확실성' 때문이라고 하였다. 그리고 오늘날까지도 이 이론은 전쟁의 목적과 발생에 대해서 잘 설명해주고 있다.

이것이 전쟁의 정의를 꿰뚫는 진실이자 원인이라면, 불확실성이 사라지고 결과가 확신에 가깝게 예측될 수 있는 상황이라면 어떻게 변화할까?

앞선 예시와 같이 '전력의 현격한 차이로 전장의 불확실성 제거'를 보여주는 '어떠한 것'의 창조와 그 가치 개념의 공유로 전쟁의 양상 자체가 지금과는 전혀 다른 모습이 될 것이다. 물론 이러한 상황은 극단적인 가정이다. 하지만 지금도 각 국은 타국의 비대칭적 전력에 대한 완벽한 패배를 방지하기 위해서 군사과학기술을 최첨단화하고 세계의 기술과 무기체계의 발전을 확인하며 지속적인 노력을 하고 있다.

또한 매 사업마다, 더 성능 좋은 무기가 외국에 있는데 구매하는 것이 낫지 않은가에 대한 질문이 있음에도 불구하고 지속해서 각 국가가 스스로 연구하고 자체 무기개발을 추진한다.

이것은 단순히 구매국으로부터 전쟁 시 지속적인 무기제공을 못 받는 상황이나, 자체 기술력의 상실을 우려한 것에서 나아가 이러한 청사진을 그리며 잠재역량을 유지하려는 데에도 그 이유가 있다. 이런 현실과 미래예측에서 보이듯이 미래전장의 핵심가치와 이것을 만들어주는 기술, 그것을 찾기 위해 부단한 노력이 요구된다.

지금까지는 군에서 얼마나 고생하면서 근무했는가가 중요했고, 애국심이라는 가치가 강조되었다. 하지만 이제는 정말로 실질적으로 국가에 얼마나 도움이 되었는가에 초점이 맞추어질 것이다.

전방에서 언 발과 언 손을 녹이며 밤을 꼬박 새워 경계근무를 수행했다는 군인과, 기술적으로 사람보다 뛰어난 경계 장비를 도입하기 위해 밤을 꼬박 새워 무기체계를 개발해서 군에 인도했다는 군인. "우리 국가를 위해서 희생합시다. 이 전방의 추억이 여러분의 삶에 큰 추억이 될 겁니다"라고 말하는 군인과 "이제 더 이상 고생하시면서 근무하시지 않아도 됩니다. 더 이상 군이 더 징병하시지 않아도 됩니다."라고 말하는 군인. 점차 어떠한 방향으로 나아가게 될까?

선불리 판단할 수는 없지만, 합리적인 관점에서 고민해 봐야할 문제다. 당연히 전자와 후자는 적절히 조화되어야 한다. 왜냐하면 전방의 냄새를 모르고 기술만 아는 것은 반드시 전략과 전술의 허점을 드러내는 것이고, 본래의 가치와 노력에만 집착하는 것은 실패를 의미하기 때문이다. 하지만 언젠가는 기술의 효율성이 인간의 노력을 뛰어넘게 되어있다. 그 포인트를 위한 상호협력과 노력이 절실하다.

결국 기술과 물리적인 분야, 가치와 전략적인 분야의 융합을 통해서 새로운 혁명을 상상하고 실현하는 노력이 요구되고 있음은 분명하다. 더욱 투명해지는 이 시기에 의도를 치장하려는 변명은 필요 없으며 미래 전장을 주도하는 모습을 실적과 결과로 증명해야 한다는 차가운 현실을 깨닫고 적극적으로 현재와 미래, 현장과 기술을 연결해서 발전시키려는 자세가 필요하다.

4차 산업혁명이 이끄는 변화는 이미 이루어지고 있다. 아직 두드러진 파괴적 혁신이 확인되지 않았을 뿐이다.

피터 디아만디스와 스티븐 코틀러는 파괴적 혁신이 발생하기 전에 디지털화와 잠복기의 시간을 거친다고 이야기한다. 새로운 시스템을 창조하고 기존 시스템을 파괴하는 혁신을 가지기 전에, 각종 현실의 자료를 디지털화하고 변화가 미미해서 두드러진 성장이 보이지 않는 시기를 거치게 된다는 것이다.

지금 군사적으로 엄청난 혁신이 발생하기 전인 이 시기를 얼마나 효과적으로 관리하느냐에 따라서 이어지는 혁신에 우리가 선두가 될 수 있을 것인지, 역사로 남을 것인지를 결정하게 될 것이다.

국민고객을 위한 생산적인 국방업무

국 민 고 객

을 위 한

생 산 적 인

국 방 업 무

2 장

진정한

정보화 시대에 따른

혐오시대의 종말

생산성으로 이끄는 시대의 서막

4차 산업혁명이 시작되기 전의 3차 산업혁명이란 20세기 후반의 컴퓨터와 인터넷의 시대, 이른바 정보화 시대라고 하였다. 당시만 하더라도 지구촌 시대라 하여 모든 정보가 인종, 문화, 지역, 국가, 출신, 성별, 연령, 사상과 관계없이 전 인류에게 동등하게 제공되고, 평등하게 마음을 터놓아 이상적인 사회가 될 것이라고 믿는 사람들이 꽤 많았다. 하지만 실상은 그렇지 않았다. 오히려 인터넷 언론에서 편향되고 과장된 뉴스는 물론 근거 없이 지어낸 내용, 즉 페이크 뉴스가 등장하기까지 하였다. 다양한 국민의 목소리가 모아져 합리적인 의사도출 과정이 만들어질 것이라고 생각했던 소셜 미디어에서는 이런 근거 없는 자료가 빠르게 확산되어 이에 노출된 많은 사람들은 검증되지 않은 내용에 대해서 부지불식간에 편견이 생기고 말았다.

삼인성호(三人成虎), 세 사람이 모이면 호랑이도 만들 수 있듯 계속해서 노출되는 인터넷에서의 잘못된 정보는 스스로 깨닫지도 못하는 와중에 상대를 '실체'가 아닌 인터넷 디지털 정보를 기반으로 한 새로운 대상으로서 판단할 수밖에 없게 되었다.

이러한 현상은 여러 가지 원인에서 기인하는데, 정말 특정 목적을 가지고 고의적으로 퍼뜨리는 경우도 있고, 또는 이슈가 되어 계속 언급되다 보니 이른바 '프레임'이 씌워지는 경우도 많다.

2017년 겨울. 연세대학교 EE(Electrical & Electronic / 전기전자 공학) 페스티벌 아이디어 경연대회에서 나는 '전자대변인 시스템'을 발표했다. 이 시스템은 처음에는 각종 인터넷 구설수로 마음 고생하는 피해자를 돕기 위한 프로그램으로서 발명하였다. 피해자가 이 프로그램을 사용하면, 인터넷상에서 피해자에 대해 어떤 이야기가 오가는지를 알려주고, 어떤 사안에 대해 과거에 해명한 내용이 있으면 해명자료를 자동으로 올려주는 등의 역할을 하는 프로그램이다. 만약 기업이나 정부의 대변인실에서도 사용하게 된다면 '구설수'에서 벗어나 국민의 '진실을 알 권리'에 도움이 될 수 있을 것 같아 경연대회 때는 그러한 방안도 함께 발표했다.

국민고객을 위한 생산적인 국방업무

- 안 그래도 요즘 댓글 조작이나 여론 관련해서 이야기가 많은데, 프로그램으로 대변인 기능을 보조한다는 건 너무 오해의 소지가 많은 생각 아닙니까?
- 프로그램의 출처와 사용자를 밝히고 제한된 범위에서 투명하게 활동하면 괜찮을 겁니다. 예를 들어 정부 대변인실과 같은 검증받은 웹사이트에서만 서비스를 제공하게 하고, 한 문서에 대해서 한 가지 정도만 대변할 수 있도록 하는 방안들을 기대할 수 있을 겁니다. 이를 통하면 국민들은 게시된 문서뿐 아니라 거기에 대한 공식의견을 쉽게 볼 수 있으므로 '진정한 알 권리'를 가질 수 있는 것이지요. 게다가 이 아이디어는 정부기관보다 민간인, 특히 공인이나 연예인들이 더 잘 사용할 수 있을 것 같습니다. 억울하게 사건에 휘말린 경우나, 무혐의, 무죄 판명을 받았음에도 불구하고 망가진 이미지 때문에 재기가 불가능한 공인들이 얼마나 많습니까?
- 그래도 그런 프로그램을 악용하면 여론 조작이 가능한데, 그런 기능을 하는 프로그램을 가진 것 자체가 문제가 되지 않을까요?
- 기술은 어차피 발전하는데 계속 모른 척 한다고 되나

요? 이런 기술을 점점 발달시키고 공개해야 진짜 여론 조작 같은 일에 민첩하게 반응하지요.

※ 물론 현재 개발단계에서는 댓글 기능 등은 과감히 삭제되었다. 조금이라도 국민감정에 반하거나 오해를 일으킬 수 있는 소지의 내용은 기술의 보유를 떠나 공직자로서 진행하면 안 된다고 판단했기 때문이다.

내가 방위사업청에서 첫 근무를 시작한 2015년도에, 세월호 침몰사고가 통영함 납품비리 등과 관련되어 엄청난 사회적 이슈가 되었다. 이에 따라 대대적인 방위산업 합동수사가 시작되더니 1조 원의 방산비리 의혹이 불거져 충격을 안겨주었다.

더욱 놀랍게도 비리 중 85%는 해군에서 발생했다는 내용이어서 방위사업(획득) 전문 해군장교로서 꽤나 힘든 시간을 지냈다. 심지어 당시 해군 참모총장은 '배임'이라는 혐의만으로 일반 수감자들과 동일한 시설에 구속되고 심지어 그 안에서 구타까지 당하는 곤욕을 치렀다.

하지만 수사가 종료되어 발표된 최종 수사 결과는 육·해·공군의 사업과 관련해 군인 및 공무원, 사업가를 통틀어 약 2.6억 원의 뇌물수수가 전부라는 사실이 밝혀졌다.

최종 수사 결과에 따르면, 중간수사결과와 관련된 보고에서 언급된 1조 원이란 수치는 수사대상의 전체 사업비였다. 하지만 보도 내용은 마치 군인들이 1조 원을 몰래 이득으로 취하였고, 이러한 일이 비일비재하여 더 많은 의혹이 있을 것처럼 국민을 호도했다. 그러다보니 비리를 저지른 자들뿐 아니라 감시를 못한 죄까지 포함하여 많은 사람들이 압수수색 및 구속수사를 받게 되었다. 이것은 마치 A회사에 부품을 납품하는 B회사의 경리가 부당이득을 취한 것에 대해 A회장이 몰랐기 때문에 함께 구속된 것과 같은 논리였다.

결론적으로, 법에 의해 진짜 '범죄자'는 엄중히 처벌받았으며 그 외 해군참모총장을 포함한 대부분의 '혐의자'는 무죄판결을 받았다.

하지만 법은 피해자의 아픔을 달래 주거나 명예를 회복시켜 주지는 못했다. 수년간의 항소 끝에 단순한 의심에서 비롯되어 '혐의자'가 되었던 해군참모총장은 무죄를 밝히기 위한 재판비용 때문에 파산하여 자녀의 퇴직금까지 사용하게 되었다. 그럼에도 불구하고 한 번 구겨진 명예는 다시 다림질할 수 없었고, 결국 뒤늦게 수여된 훈장을 뒤로하고 이 나라를 떠나고 말았다. 그렇게 거대한 방산비리에 연루되었다면 고작 항소비용 때문에 파산했겠는가?

지금도 인터넷 포털 사이트에서 검색하면 방산비리에 대한 최종 수사 결과는 찾아보기 힘들고, 당시의 각종 오보와 혐의만 가득 나온다. '한국 방산비리 규모 1조 원…미국보다 커…'라는 블로그 글이나, 댓글, '해군은 한배를 탔다는 결속력 때문에 방산비리가 가장 심하다' 등의 자극적인 인터넷 기사 내용들이 대부분이고 최종 수사 결과는 좀처럼 찾아보기 힘들다.

그뿐만이 아니다. 이른바 방산비리라는 제목으로 도배되는 대부분의 사례는 오로지 관련자에 대한 확인되지 않은 사실에 대한 비난과 처벌에만 관심이 있다. 바람직한 방향일까?

예를 들어 미국의 군과 방위사업을 보면 이른바 최고의 전투체계로 칭송받는 미국의 F-35기 역시 기체 화재 발생 사고가 종종 발생하였고, 이를 운용하면서도 해결하는데 5년이 넘는 시간이 들었다.

방위산업, 그중 단순 구매가 아닌 연구개발이라는 것은 단순한 아이디어를 설계도로 해서 원하는 성능을 목표로 무에서 유를 창조하는 것이기 때문에 일반 시장에서 만나볼 수 있는 시제품에 비해 성공할 확률이 희박하다. 심지어 요구되는 성능이 꽤나 높기 때문에 생산 후 일정 기간은 문제가 있는 것이 어찌 보면 당연하다.

그 유명한 명차 브랜드들도 부품 리콜은 매우 흔한 일이며, 가스 배출 규제나 화재 등의 심각한 도덕적 해이 현상, 아찔한 사고까지도 일어난다.

똑같이 방위사업 분야에서도 최초 계획대로 모든 것이 잘 이루어지는 것은 불가능에 가깝다. 다만, 현실적으로 사업이란 이상과 차이가 발생할 수밖에 없다는 것을 인정하고, 문제를 감추지 않고 철저히 교훈으로 분석하여 활용하는 것이 올바른 방법임이 확실하다.

하지만 시범 운영이든, 최초 1~2년 간 초기단계의 운용 중 사고이든 비판과 분석보다는 비난과 분노가 우선한다. 왜 잘못되었고 이를 왜 사전에 예방하지 못하였는지 제도와 조직, 절차를 분석하며 논의하는 것이 중요한데 '관련자들 색출하고 처벌하라'가 우선인 분위기이다.

이는 방위산업과 무기체계를 사용해본 경험자 및 전문가의 의견을 듣고 좋은 방향으로 나아가려는 노력이라기보다는 분노와 혐오의 기사가 넘쳐나는 인터넷 언론의 영향을 받은 때문으로 보인다.

만약 정말로 이 문제가 잘 해결되고 국가사업이 바르게 진행되는 것을 원한다면, '관련자를 구속시켜라'가 아니라 그 동안의 경험을 가지고 철저한 감시 속에 책임지고 문제를 해결시켜라가 더 적절할 것이다.

이러한 현실 속에 국가가 검증한 정확한 사실을 설명하기 위해서 우리 정부는 각 부처에서 온라인 대변인실을 운영하도록 추진했다. 시대에 발맞추어 나가는 아주 좋은 방법이라고 생각한다.

그럼에도 불구하고 왜 내가 인터넷에서 검색한 결과가 내가 아는 진실에 접근하는 것이 이리도 어려울까? 명확하게 해당사건과 내용의 키워드로 검색했음에도 불구하고 왜 정부의 정확한 조사결과나 연구논문 등은 도대체 찾아볼 수 없고, 오보와 추측성 개인 홈페이지의 글만 가득할까?

결론적으로 정부에서 각종 언론 오보에 대해서 해명자료를 홈페이지에 게시하고 보도도 하지만, 2016년 기준 정식으로 등록된 언론사만 6,000개 이상인 우리나라 인터넷 뉴스들과 2천만 명이 넘는 소셜 미디어 사용자들로 인한 정보의 홍수 속에서 효과적으로 해명내용을 국민께 전파하기가 쉽지 않기 때문이다.

왜냐하면 첫째, 어떤 내용의 글이 어디서 발생했는지 대변인실 당직자가 24시간 감시하기 위해서는 인적·시간적 투자가 클 뿐만 아니라 공백도 발생할 수 있다. 그리고 문서의 출처가 정식 언론이 아니거나 영향력이 크지 않은 개인 등일 경우 대응하지 않다가, 의외로 큰 반향을 불러일으켜 논란이 되는 경우도 발생한다. 요즘은 잘 쓴 소셜 미디어의 내용이 기사화되는 일도 많기 때문이다.

국민고객을 위한 생산적인 국방업무

둘째, 그 글을 파악하고 해명자료를 작성하는 동안 이 글은 실시간으로 수천 건이 복사되어 다양한 매체로 퍼져나간다. 당장 유명 포털사이트에 뉴스의 제목을 입력하면 온갖 인터넷 언론에서 대동소이한 내용의 기사가 거의 실시간으로 제공된다. 심지어 인터넷 언론에서는 이미 '로봇저널리즘' 기술을 사용하여 키워드를 활용한 컴퓨터 기사를 생산한다. 사람의 대응속도로 해결되는 문제가 아니다.

셋째, 예를 들어 정말 오보가 있었다고 하자. 또 오보에 대한 당사자의 명확한 해명자료를 제출하였다고 하자. 그럼에도 불구하고 그 오보, 또는 수천 개의 사본 및 관련 의견에 대한 문서는 인터넷 상에서 삭제되지 않고 남아있다. 그래서 훗날에 해당내용을 처음 접하는 사람은 그 오보에 대한 자료를 접하게 되고, 잘못된 인식이 똑같이 반복되기 쉽다. 심지어 오보의 경우에는 통상 자극적인 내용을 가지고 있어 훨씬 더 눈에 뜨이고 잘 읽힌다.

사이언스지에 게재된 MIT 연구에 따르면, 가짜 뉴스의 경우 실제 뉴스보다 20배 더 빠르게 퍼진다는 실험결과도 있다.

따라서 뒤늦게 이 소식을 접한 사람은 해명자료를 접하기보다는 수많은 파생 뉴스들 때문에 오해를 할 가능성이 훨씬 높다. 내가 포털사이트에 방산비리를 검색했을 때와 같이 말이다. 심지어 이러한 현상은 또 새로운 의심을 만들어내기도 한다. 그래서 해명할 타이밍도, 해명 후 뒤처리도 쉽지 않은 것이다.

방산비리 최종 수사 결과를 바탕으로 국민들께 방위산업의 특성 등을 설명하고 공감을 이끌어내어 더욱 좋은 시스템으로 가기 위한 건강한 토의가 이루어질 수 없는 원인도 바로 여기에 있다고 생각된다.

결국 이 문제의 해결책은 사람의 힘으로는 불가할 것으로 판단된다. 계속 복사되어 퍼져나가는 것에 해명하는 것은 깊은 판단보다는 빠르고 반복적인 요소가 필요한 일이기 때문에 사람이 아니라 기계, 즉 컴퓨터가 해야 한다고 생각되었다. 여기서 나는 전자대변인 시스템(Electronic spokeperson system)이라는 개념을 생각했다.

이 시스템은 기본적으로 피해자 입장에서 설계되었다. 누군지도 모르는 대상으로부터 발생된 구설수에서 자유로워지고, 다른 대상들에게는 나의 입장을 밝혀서 오보의 피해를 막고 알 권리를 만족시키는 것이 그 목적이다.

프로그램을 시작하면 일단 사용자가 설정한 키워드를 소셜 미디어나 인터넷 포털사이트에서 자동으로 검색해서 사용자와 관련된 글을 발견한다. 다음은 그 글에서 설정된 키워드를 추출해서 미리 저장된 키워드와 대조하여 어떤 사건과 관련한 글인지, 단순한 욕설인지 칭찬인지 등을 분석한다. 그리고 그 글의 발생과 분석결과를 사용자에게 보고하고 사전에 설정한 상태에 따라서 대응한다.

예를 들어 전자대변인이 '방산비리', '1조 원' 등의 키워드의 문서를 검색한다면 최종 수사결과가 발표된 사이트의 주소를 답글창에 링크를 걸어주거나 요약내용을 여타한 방법으로 보여주는 식이다.

즉 인터넷 뉴스 또는 블로그에서 "우리나라 방산사고 또! 1조 원의 방산비리 수사결과에도 정신 못 차려…"등의 글을 작성했다면, "**[정부대변인실]** 안녕하세요, 해당부처 대변인실입니다. 해당 사실에 대한 공식적인 정부 입장은 해당 링크를 참고하시는 것을 권고드립니다. (이하 링크) 감사합니다." 등으로 해결하는 것이다.

연예인이나 공인들의 경우에는 아주 악의적인 욕설과 명예훼손을 담은 키워드를 대상으로 다음과 같은 역할도 할 수 있을 것이다.

"**[가수 가나다 대변인]** 안녕하세요. 가수 가나다입니다. 근거 없는 비난과 욕설은 명예훼손 사유가 될 수 있으며, 해당 게시내용과 IP 등 관련한 자료는 자동으로 저장됩니다. 어떤 방향으로든 늘 관심 주셔서 감사합니다." 등으로 활용할 수도 있겠다. 그리고 이때 반응한 글의 새로운 키워드 등을 다시 시스템에 업데이트하여 반응의 정확성을 향상시키도록 개념을 구축했다.

좀 더 욕심내자면 기술이 더욱 발전해서 패턴분석과 얼굴인식 시스템 등이 발달하여 본 프로그램의 알고리즘 등과 연계해 몰래 카메라 유포범죄 등도 모두 해결할 수 있는 프로그램이 개발되는 것이 개인적인 꿈이다. 그렇게 되면 인터넷 발달에 따른 부작용으로 고통 받는 피해자가 줄어들고, 비난하는 자만 존재하는 혐오 가득한 인터넷 세상에서 비난받는 자의 의견이 균형 있게 반영되지 않을까?

나와 같이 해당분야의 전공자가 아니더라도 누구나 저런 프로그램을 생각하고 실현할 수 있을 만큼 현재 기술과 컴퓨터 성능은 상당한 단계로 향상되어 있다. 과거에는 국민의 알 권리를 제한할 수 있었던 여러 요소들이 기술의 발달과 국민들의 지식 향상으로 점점 사라지고 있다. 지금까지는 정부경영의 흐름이란, 편을 나누어 인기가 부족한 상대를 먹어치우며 성장해오는 방법이 많았다. 과거에는 제한된 신문과 뉴스 방송으로, 지금은 도배되는 인터넷 여론을 활용한 왜곡되거나 과장된 정보로 혐오의 대상을 낳아 적으로 꾸미기 쉬웠기 때문이다.

내가 어릴 때 대표적으로 갈등과 혐오를 부추기는 주제는 기성세대와 현세대였다. 이것은 그나마 살아가면서 어느 정도 정리가 되었다. 물론 살아온 경제적 환경 등이 다르지만 그거야 인류 역사상 항상 그랬고, 신세대도 곧 기성세대가 되면서 자체적으로 서로를 이해할 수 있는 공감대를 가질 수 있었기 때문이다.

그런데 갈등의 폭을 좁히기 어려운 편 가르기도 있다. 예컨대 성별이나, 출신지역, 소속 등 바꿀 수 없거나 바꾸기 거의 불가능한 것들이다. 이러한 바꿀 수 없는 차이를 기반으로 부정확한 정보들이 인터넷에 무분별하게 퍼져 사실 확인 없이 받아들임으로써 쉽고 단순하게 '허수아비'를 만드는 경우도 상당히 많았다. 있지도 않았던 사건을 만들거나 작은 사실을 크게 확대하고, 대상을 부정적으로 일반화하여 존재하지 않는 허수아비에 맹렬히 분노하고 공격하게 만드는 것이다. 발생하지 않았던 남녀싸움, 없었던 지역감정, 자신이 소속해 있지 않은 조직에서의 부정행위 등 얼마든지 만들어낼 수 있다.

왜 싸우게 만드는지는 다양한 이유가 있겠지만 여기서 중요한 것은 그것이 아니다. 편을 갈라서 싸워봤자 남는 것은 상한 마음과 회복하기 힘든 관계밖에 없다. 싸움을 멈추고 사실여부를 확인해 문제점이 있다면 해결책을 모색하는 것이 먼저다. 어떻게? 정보의 공개와 사실 확인을 할 수 있는 규정과 기술을 통해서. 인터넷이나 소셜 미디어에 어떠한 내용이 게재되었다면 구독자가 내용에 대해 상호 간의 이야기를 쉽게 들을 수 있고 사실 확인까지 간단히 이루어질 수 있다면 더 이상 알 수 없는 혐오는 사라질 것이다.

사실 이러한 움직임은 이미 인터넷에서 퍼지고 있다. 사람들은 예전과 같이 자극적인 기사를 보고 무작정 분노하기보다는 이 뉴스가 사실인지, 이면에는 어떠한 문제가 있었는지를 분석하기 시작했다. 불과 1년 전만 하더라도 인터넷에 올라온 어떤 목격담을 보고 무작위로 비난하다가 사건의 당사자나 관계자가 사실이 아니라는 해명자료를 공개하면 아무 일도 없었던 것 마냥 확인 없이 작성했던 비난 댓글을 지우거나, 심한 경우에는 고소를 당하는 등의 일이 있기도 하였다.

이러한 일들이 종종 발생하면서 국민들은 '아니 땐 굴뚝에서도 연기가 난다'는 사실을 충분히 인지하였다. 그래서 최근에는 어떤 사건에 대한 내용이 기사화되었을 때 양측의 이야기를 모두 듣고 사실이 밝혀지기 전까지 비난도 응원의 목소리도 잠시 접어두는 선진화된 문화가 정착되고 있다. 나아가 내용을 이해하고, 분석하고, 관심 있어 하는 사람은 관련된 내용의 사실여부까지 확인한다.

예를 들자면 '어느 기관의 전·현직 직원 몇 명이 비리 혐의로 수사를 받았다…십수 명이나 된다' 이러한 제목의 기사가 검색되는 경우에, 몇 년 전만 하더라도 '저런 나쁜 기관이 있나!' 하는 분위기였다. 하지만 이제는 '기사를 읽어보니 무혐의가 절반이 넘네. 무혐의는 죄의 성립 자체가 안 되는 것 아닌가? 사법부에서 혐의에 대한 사항을 다 알 텐데 왜 저렇게 기소율이 높았지?' 등 사건을 분석하기 시작했다.

인터넷을 이용하는 국민들이, 이제 조금만 더 시대가 진행되면 편향된 정보나 부정확한 소식을 전달하는 쪽을 쉽게 알아차릴 수 있게 되고, 혐오의 대상을 만드는 현상 자체가 몹시 제한되게 될 것이다. 적이 없어지면 누구를 편들게 될까? 더 잘하는, 더 마음에 드는 편에 서게 될 것이다.

옛날에는 그래도 괜찮았다. 사람들이 만들어진 프레임을 벗어나는 것도 힘들었고, 맞고 틀린 것을 찾아보는 것이 몹시 힘들었다. 그런데 지금은 사정이 전혀 다르다. 사실여부를 금방 알 수 있는 것은 둘째 치고 행동과 진실이 항상 온라인 세상에 남아서 몇 번 체크하다 보면 금방 알게 된다. 잠깐 어느 집단의 입맛에 맞추어 행동하거나 실수로라도 저지른 잘못된 행실, 범죄는 온라인상에 그대로 남아서 고스란히 국민들에게 평가받게 된다. 아무리 잘하는 연예인이라도 '아, 저 음주운전 전과자'등의 이야기로 많은 팬층이 떨어져 나가는 것이 그 예들이다.

진정한 정보화 시대에 따른 혐오시대의 종말

이 프레임 전쟁이 끝나면 남는 것이 무엇일까?

프레임 전쟁 중 이 프레임이 어디서 만들어졌는지, 왜 만들어졌는지, 그 정체를 궁금해 하는 사람들이 다수 만들어지면 이 정보화 시대에 그것을 추론하는 것은 어렵지 않다. 그리고 이들은 또 다른 편 가르기가 발생하면 '아, 역시 그랬군' 하는 반응이 나타나는 것이다.

따라서 지금까지의 경영방법이 격투경기였다면 이제는 보다 이상적인 목표를 향해 달리는 레이싱 같은 종목이 되어야한다. 더 효율적으로, 더 합리적으로, 더 윤리적으로. 쉽게 말해 상식을 기반으로 침착한 이성을 유지하게 하고 이를 도와주는 기술이 따른다면 더 이상 감성이 아닌 합리성이 우선하는 시대가 될 것이라고 생각한다.

지금 정부와 군에 대한 비난 여론을 들어보면 실제로 경험한 것이 아니라 인터넷에서 접했거나 사실관계가 다른 경우가 꽤 많다. 앞으로 기술이 발달하면서 더욱 투명해지고 사실 확인이 용이해지면 잘하는 것이 부각되어 칭찬받는 시대도 올 것이라고 생각한다.

그러면 잘한다는 것이 무엇일까?

바로 '국민 개인이 실질적으로 도움이 되는 것을 느끼게' 하는 것이 중요하다고 본다. 예부터 국민의 마음은 하늘의 마음이라고 하였다. 국가의 힘이 국민으로부터 나오는데 국민을 등진 국가나 조직이 잘될 리는 만무하다. 물론 조직의 성격에 따라서 개인의 마음을 만족시키는 것은 많이 다르다.

예를 들어 복지를 제공하는 조직과 국방과 치안을 유지하는 조직은 그 성향 자체가 다르기 때문에 국민이 '내게 도움이 되는 정도'를 느끼는 것은 차이날 수밖에 없다.

그러면 어떻게?

바로 생산성이라고 생각한다. 제한된 예산에서 얼마나 효율적으로 관리해서 각 부처에 적합한 역할을 해내었는지 공개하는 것으로 국민들을 만족시킬 수 있을 것이다.

예를 들어 얼마의 예산을 들여 어떤 복지를 제공함으로써 예산 대비 몇 배 효율적인 운영을 했다거나 얼마의 예산으로 무기체계를 개발하여 예산대비 굉장히 생산적인 결과물을 얻어낸 것 등을 수치로 표현할 수도 있을 것이다. 이러한 단계별 생산성을 공개하고 계획을 발표함으로써 조직의 활동 내용을 검증받아 국민이 진정으로 원하는 조직으로 거듭날 수 있게 될 것이다. 또한 조직의 생산성을 공개함으로써 토론의 장을 만들어 국민에게 충분히 설명하고, 여론을 고려한 생산적인 방향으로 이끄는 기회가 지속적으로 마련되어야 한다.

대한민국 국민의 주권은 국민으로부터 나오는데 주권을 발휘하는 방법이 대통령 선거나 국회의원 총선거, 지방선거 정도라는 것은 의외로 제한적이다. 또 정부 정책을 언론으로만 접할 수 있는 것 역시 알 권리에 치명적인 것이다. 주권을 가진 국민은 고객이고, 정부의 정책을 수행하는 사람들은 고객을 만족시키기 위해 항상 쉬지 않고 일하는 국가의 직원이 되어야 맞다. 그래야 직원도 우수해질 뿐 아니라 국민이 조직에게 힘을 실어줄 수 있게 될 것이다.

어떻게?

투명한 정책과 환경을 기반으로 한 더 상식적이고 균형 맞춘 정보의 제공을 통해서. 또한 국가와 국민을 위해서 좋은 실적을 내었다는 보고를 보고 국민들이 자주 접하고 쉽게 평가하고 지지할 수 있는 방안을 통해서.

그 때문에 현재의 정부도 청와대 청원의 장을 마련한 것이라고 생각한다. 이렇게 국민에게 도움 되는 정부조직의 능력공개 운동을 통하면 국방업무에서의 적의 개념도 바뀔 것이다.

내가 훈련받을 때만 하더라도 '북한군으로부터 우리 조국을 지키기 위함'이라는 명확한 상대가 존재했다. 하지만 현재는 화해의 무드가 이어지고 있고, 언젠가는 종전되어야 한다는 의식이 퍼지고 있다. 그러면 '국방업무는 어떤 방향을 가지고 국토방위의 고유 임무를 훌륭하게 수행할 수 있을까?'를 먼저 고민하게 될 것이다.

예를 들어보자. 국방을 포함한 국가 정책이나 사업의 의사결정을 위한 회의가 지금 굉장히 다양하게 많다. 그것도 규모와 사안에 따라서 모두 다른데, 중앙부처에 근무하다 보면 이 안건을 만드는 것도 문제지만 심의위원들을 만나 그들의 일정이 되는 날짜를 잡는 것 자체가 굉장히 시간이 걸린다. 아마 국가를 당사자로 한 계약을 추진하는 사업자의 경우에는 더욱 절실하게 느낄 것이다. 제안서를 작성해 제출한 다음 심사까지 끝났다 하더라도 마무리를 짓는 회의소집 자체가 안 되거나 회의의 목록에서 제외되면 한 달 정도의 시간은 그냥 지나가 버린다. 그러다가 의사결정권자가 교체되기라도 하면 그간의 시간과 인력의 소모는 각 업체 입장에서는 굉장할 것이다.

하지만 이것을 공문서 올리듯이 진행한다면 어떨까?

중요한 의사결정의 과정인 만큼 특별한 전산 의사결정 플랫폼으로 담당자가 문서를 기안하면, 여기에 대해서 각 위원들이 의견을 남기고 최종 의사결정을 진행하게 된다면?

또 특별한 기밀 사항이 아닌 경우에 대해서는 인터넷상에 문서의 일부나, 의사결정 과정에서 나타난 각 위원들의 검토의견을 국민들에게 공개할 수 있다면?

이른바 '실무를 모르고 평가한다'거나 '중간 과정에서 어떤 유착이 있어서 저런 결과가 나왔겠지'하는 정보의 불투명성에서 오는 의심을 상당히 제거할 수 있지 않을까? 그렇게 된다면 이른바 담당자나 위원이라는 사람들은 공부를 하지 않고 허투루 안건을 통과시킬 수 있을까?

그러나 공정하고 투명하게 의사결정 과정을 거친 정책과 사업이 반드시 좋게 끝난다는 보장은 없다. 오히려 안건이 공개됨으로써 인기를 위해 임시방편의 방법을 제시하는 등의 부작용이 나타날 수도 있다.

여기서 중요한 것은 이 기록들이 공개된 상태로 남아 있다는 것이다. 정책과 사업이 수년 후 또 평가되는데, 세월이 지나면서 전문성을 제대로 갖추었는지, 단순히 순간적으로 말만 잘한 것인지, 좋은 안건이었는지가 전산상에 기록될 것이고, 이 데이터들을 인사나 유사한 안건의 전례로써 향후에 효과적으로 쓸 수 있지 않을까?

그럼 여기서 효과적으로 쓴다는 것은 무엇일까?

여러 가지 답안이 있겠지만 이 책에서 주장하고자 하는 것은 생산성을 향상시키는 것이다. 생산성을 향상시키기 위한 개선과 혁신의 방향을 잡기 위해서 경영학적 방법론을 한번 시도해보는 것이다.

어쨌든 무고한 인터넷 언론의 피해자들, 인터넷에서 잊힐 권리를 원하는 사람들, 비리혐의로 얼룩진 방위사업청과 해군의 명예를 회복하기 위해 연세대학교에서는 고심해서 나를 KIC 실리콘 밸리로 위탁교육을 보냈다. 그 덕분에 평생 처음 캘리포니아라는 곳에서 청년 창업가, 혁신가, 기업가들과 함께 아이디어를 공유하고 토론할 기회를 가졌다. 다행히 군필자들이 많아 지금까지의 생각들을 함께 정리해볼 기회가 있었다. 책의 중간 중간 대화들은 그렇게 이루어진 것들이다. 일반적으로 가장 보수적인 집단이라고 생각되는 군도, 사실은 내부적으로 변화의 시대에 적응하기 위해서 많은 노력을 기울이고 있다. 다양한 프로젝트를 추진하는 것은 물론이고, 대대적인 국방개혁도 진행 중이다.

이 책은 이러한 변화 속에서 경영학적인 시각을 이용해 정부와 군의 변화 방향이 잘 설정되어 있는지를 살펴보고, 무엇이 중요한지, 현재의 상태를 보려면 어떻게 해야 하는지 등을 고민하기 위한 시도이다.

국 민 고 객

을 위 한

생 산 적 인

국 방 업 무

3 장

세계 최고의
전문가가 이끈
합리적 선택이 낳은 실패

고객이 진정으로 원하는 것이란

- 사장님! 현재 우리 자산 및 제품, 경쟁 업체 자산 및 제품, 시장 환경의 분석이 끝났습니다. 이번 고객 설문조사 결과에 맞춰 새 제품과 새 기업으로 변모하면 좋은 결과가 기대됩니다.
- 음, 그 시제품과 기업변화 계획이 나올 때까지 얼마나 걸릴까요?
- 시제품을 동시에 계획하여 출발하면 1년이면 충분합니다.
- 그러면 시제품을 최대한 빨리 만들어 발표해서 시장상황을 봅시다. 고객 설문조사 결과는 지금의 고객이지

1년 후의 고객이 아니에요. 지금에 맞춘 기업의 변화
는 적절한 방향이라고 할 수 없죠.

경영학과 관련하여 약간의 소견만 있는 사람이라도 시어스, 디
지털 이큅먼트, 제록스, IBM 등의 기업의 이름만 들으면 대강의
공통점을 찾아낼 것이다. 조금 더 잘 아는 사람들은 이와 반대되
는 기업들 마이크로 소프트, OFO, 젠틀 몬스터 등에 대해서도 이
야기할 수 있을 것이다.

잘 아시다시피 전자는 세계최고의 조직을 운영하다가 어느 순간
몰락해버린 기업이고 후자는 반대로 고공 상승한 벤처회사들이다.
전자의 경우를 더욱 충격적으로 보고 분석하려는 움직임이 많은
데, 이는 당시 최대의 회사를 최고의 경영자가 우수하고 합리적인
방향으로 이끈 결과가 실패로 이어졌기 때문이다.

미국의 통신판매 업체였던 시어스 로벅(Sears Roeboebuck)은 그
간의 상식이었던 본사 집중의 경영보다는 공급망을 관리해서 브랜
드 매장을 내놓는 등 당시로는 혁신적인 아이디어로 소매업을 휩
쓸었다. 그 결과는 일개 회사의 매출액이 미국 소매업체 총 매출액
의 2%를 넘는 기염을 토해내게 하였다. 그것이 얼마나 대단했으면
1964년 포춘(Foutune)지는 "How did Sears do it?"라는 문장으

로 시작하는 시어스 로벅의 경영을 찬사하는 기사를 발표했을 정도이다.

그런데 진짜 주목해야 할 점은 따로 있다. 바로 이 시어스가 가장 잘 경영되고 있다고 모두가 생각했던 1960년 중반에, 사실은 신용카드 판매 1위의 지위를 비자(Visa)와 마스터 카드(Master card)에 빼앗기고 있었다는 것이다. 그러니까 포춘지가 찬사의 기사를 내놓은 그때이다. 이는 회사의 경영과 생태에 도미노처럼 영향을 미쳐서 1990년대 시어스의 사업부가 17억 달러의 구조조정을 감행하고도 13억 달러의 적자를 내는 몰락의 길로 이어지게 된다.

디지털 이큅먼트(Digital Equipment Corporation) 역시 당시 최고의 컴퓨터 회사였지만, 가장 찬사를 받던 바로 그 시기에 새롭게 등장하기 시작했던 데스크톱 컴퓨터 시장 참여가 늦어져 선두의 자리를 빼앗겼고, 제록스(Xerox) 역시도 해당 분야의 최고의 자리에 있었던 바로 그 시기에 소형 복사기 시장에서의 성장 기회를 놓치면서 복사기의 주도권을 잃어버리게 되었다. 컴퓨터 제작에만 집중했던 IBM과 이 컴퓨터에 소프트웨어만을 제공하는 영악한 계약을 추진한 마이크로 소프트의 이야기는 말할 필요도 없을 정도로 유명하다.

세계 최고의 전문가가 이끈 합리적 선택이 낳은 실패

이러한 사례들은 경영에서 말하는 이른바 환경과 시장의 변화에 둔감했던 결과라고 정리할 수 있고, 결국은 고객의 요구는 항상 동일하지 않고 변화하며, 이 변화를 충족시키지 못한 결과는 조직의 몰락으로 이어진다는 것을 의미한다. 묵묵히 맡은 것만 잘하는 것으로는 분명한 한계가 있다.

인류는 이미 1~3차 산업혁명을 겪으면서 사실상 시간과 공간, 인간 간의 거리가 무척 좁아졌음을 실감하고 있으며 이에 따라 어떠한 변화의 파급력은 몹시 빠르고 광범위해지고 있는 추세다. 1960년도부터 이미 변화의 핵심에서 멀어지면 회복이 불가능한 예가 나타나고 있었던 것이다.

이와 달리 성공한 기업들의 사례를 살펴보자.

서두에 언급되었던 OFO라는 회사는 2014년 중국 대학생들이 창업한 공유 자전거 서비스로 QR 코드와 GPS 위치 파악 등 편의성을 제공하면서 순식간에 성장했다. 이에 따라 2018년 현재 9천억 원의 투자를 유치할 수 있었고, 중국 공유 자전거 회사 중 95%의 시장을 차지하게 되었다. 걷기에 애매한 거리를, 굳이 자전거를 소유하지 않고도 근처에서 쉽게 '주워서' 사용하고, 아무렇게나 다시 '버려놓을 수 있는' 편의성을 앞세워 자전거 이동 및 보관의 불

국민고객을 위한 생산적인 국방업무

편함을 없앤 결과라 하겠다.

특이한 디자인을 주 무기로 패션을 선도하고 있는 선글라스 회사도 있다. 젠틀 몬스터(Gentle Monster) 선글라스는 많은 유명 배우들이 착용하는 것으로 유명한데 자랑스럽게도 한국 기업이다. 젠틀 몬스터의 시작과 혁신과정을 간략히 관찰하면 고객의 욕구는 보는 것과는 또 달라 숨겨진 욕구를 만족시키는 것이 중요하다는 것을 알게 된다. 최초 사업을 시작할 때만 하더라도 현재와 같이 독특한 디자인을 앞세우지는 않았다. 처음에는 미국의 유명한 안경 회사인 와비파커(Warby Parker)의 개념을 한국에 적용하여 추진하고자 하였다.

와이파커에서 제공하는 서비스는 5개의 안경테를 고객들의 집에 무료로 배송하고 고객들이 착용한 후 어느 것이 만족스러우면 바로 구매하여 착용할 수 있는 서비스다. 만약 추천받은 제품이 마음에 들지 않으면 회사로 되돌려 보내면 된다.

이러한 서비스는 물론 모두 무료이다. 이것은 굳이 안경점으로 찾아가서 직원들에게 민망한 모습을 보이지 않고도 집에서 편하게 패션쇼를 즐기며 가장 마음에 드는 패션을 고를 수 있다는 것을 의미한다.

계속해서 새로운 디자인을 실제 착용해 볼 수 있는 상품으로 추천받는다는 점도 강점이 되어 미국의 안경시장을 휩쓸었으며, 2015년 미국의 월간지 '패스트 컴퍼니'에서 애플과 알리바바를 제치고 가장 혁신적인 기업으로 선정되기도 하였다.

다양한 패션을 집에서 추천받고 집에서 바로 고를 수 있으니까 참 합리적이지 않을까? 패션에 관심이 많은, 안경을 착용하는 고객이라면 좋아할만 하다.

하지만 이러한 성공적인 사례를 그대로 사용했음에도 불구하고, 초기의 젠틀 몬스터의 전신은 한국에서 참담하게 실패하고 만다. 미국에서 미리 성장 가능성을 확인했음에도 불구하고 어째서 한국에서는 성공하지 못했을까? 사실 앞서 언급한 내용에만 국한한다면 와이파커의 특징은 자신과 어울리는 안경을 편하게 추천받는 것으로 보인다. 하지만 이러한 자유성과 편의성은 표면적인 것에 불과하다.

사실 와이파커의 강점은 첫째, 소셜 네트워크 서비스(Social Net -work Service)를 통해서 착용사진을 공유하고 추천받는, '집에서의 패션쇼 결과 잘 나온 안경 착용사진을 소셜 네트워크 서비스 지인들에게 자랑할 수 있는' 오락거리를 만들었으며, 둘째, 안경을 구매할 때마다 사회적 약자에게 안경을 기부한다는 점을 홍보하여 '살까말까 할 때 살 수 있는 행위의 당위성'을 확보시켜 주었다. 기존의 안경시장에서 패션 아이템을 찾기 위한 고객의 욕구를 충족시켜 준 것보다는 '이 안경 나랑 잘 어울리지? 나 이쁘지?'하는 새로운 문화를 창조한 것이 더 성공의 요소로 작용했을 것으로 보인다.

또 고객의 필요성에 더해서 '선한 소비'를 덧붙인 마케팅은 효과적이어서 다양한 회사에서도 시도하는데 미국의 신발회사 Toms 역시 그러한 전략을 사용하고 있다. 이들은 신발 제작비를 절약하여 신발을 구매할 때 오지에서 신발이 없어 고생하는 사람에게 기부하는 전략을 택했다.

미국에는 더 이상 신발이 없어 힘든 사람은 없다. 그렇다고 무조건 비싼 제품만 구매하기에는 무리가 있다. 하지만 독특한 디자인에다 이것을 구매하는 것은 사회적 약자를 돕는 것이라는 조건이 주어진다면, 고객들이 관심을 가지는 또 다른 가치를 창출하는 시장이 된다.

결국 고객의 욕구는 고정된 것이 아니라 새로이 만들어지고 이끌어지기도 하는데, 이것은 고객도 예상하지 못했던 것들이다. 그러니까 고객들이 "아, 이런 거 있으면 좋을 텐데."라는 이상적인 것을 제공하는 것과는 다른, 고객도 인식하지 못한 것을 이끌어내는

세계 최고의 전문가가 이끈 합리적 선택이 낳은 실패

것이다.

다시 젠틀 몬스터의 이야기로 돌아가자. 결국 표면적인 고객의 욕구를 만족시키는 내용만 가지고 시작했다가 큰 좌절을 겪은 젠틀 몬스터는 대폭적으로 전략을 수정하기로 했다. 패션안경, 이른바 선글라스로 대변되는 이 제품의 본질을 연구하기 시작한 것이다.

왜 사람들은 선글라스를 쓸까?

눈부심을 방지하는 것은 이야깃거리도 아니다. 이러한 고전적이고 기능적인 가치는 당연한 것이고, 젠틀 몬스터가 찾은 답은 사람들이 패션을 추구할 때 느끼는 '설렘'이었다. 독특하고 멋지고 유명한 '멋'을 착용하고 다니는 것이 고객의 진정한 욕구라는 것이다.

자, 이제 방법론으로 들어가서, 누가 지금까지 없던 독특하고 멋지고 선도적인 디자인을 할 수 있을까를 고민했다.

젠틀 몬스터는 세상에 없던 창의적이고도 멋진 제품의 설계를 위해 유명한 디자이너에게 의존하기보다는 한국의 패션 핫 플레이스로 손꼽히는 홍대 거리로 찾아갔다. 그 중에서도 유명한 타투이스트를 찾아다니며 새로운 제품의 디자인을 의뢰하기 시작했다. 그렇게 만들어진 제품은 과연 지금까지는 보기 힘들었던 형태를 가졌다.

이제 이것을 어떻게 설렘으로 바꿀까?

우선 이 디자인을 퍼뜨리기 위해 적극적으로 홍보했다. 사실 당시의 젠틀 몬스터는 이전의 선도 사업으로 큰 실패를 겪은 후라 비싼 연예인 홍보를 할 여력이 부족했다. 대신에 연예인들의 이미지를 디자인하는 것이 누구인지에 주목했다. 그것은 연예인 그 자체라기보다는 그 연예인들의 패션을 만들어주는 코디네이터 및 메이크업 아티스트들로 정리되었다. 그래서 그들을 통해서 제품을 협찬하고 홍보하기 시작했다.

그 결과는 놀라웠다. 최고의 연예인인 전지현이 한류 드라마로 대표되는 '별에서 온 그대'에서 착용하면서 대대적으로 홍보되어 오늘날은 루이비통과 같은 유명 브랜드가 젠틀 몬스터에 2,000억 원의 투자를 진행할 정도로 성장했다.

- 야, 이런 사례연구를 통해서 뭔가 공통점을 찾아야 되는 거 아니냐?
- 공통점이 무엇으로 보이나요?
- 어떤 조직의 경영 방향은 그 조직이 추구해야하는 가치의 본질과 연관되지. 이는 조직이 무엇을 해야 하는지의 명확한 과제를 알려주는데 이를 파악하기 위한 가장 좋은 방법은 고객을 정의하고, 그들의 욕구를 분

세계 최고의 전문가가 이끈 합리적 선택이 낳은 실패

석하는 것이지.

앞선 사례에서 살펴본 것과 같이 조직의 성공과 퇴보는 시장, 즉 주변 환경에 대한 이해와 조직의 본질을 파악하는데서 시작한다고 볼 수 있다. 그리고 이 환경과 조직의 본질을 파악하는 방법은 결국 "우리의 고객은 누구인가?"라는 질문에서 찾을 수 있을 것이다.

기업과 달리 정부조직은 '고객 분석'으로 접근하기에는 부적절해 보인다는 인식이 많았다. 고객의 욕구를 만족시키는 것보다 질서를 유지하고 국가의 기반시설을 마련하는 등의 활동이 더 주목되는 경우가 많기 때문이다. 하지만 정부조직 역시 누군가의 무언가를 위해서 어떠한 것을 제공한다는 점에서 경영과 혁신의 방향이 필요한 조직이다.

따라서 군을 포함한 정부조직의 경영과 혁신의 방향을 설정하기 위해서는 그들의 고객을 정확히 파악해 설정하고 그들의 욕구를 확인해서 해결해주려는 노력이 우선되어야 할 것으로 판단된다.

예를 들어 "이딴 나라 차라리 없어지는 것이 낫겠다"라는 국민은 우리나라를 없애는 것이 목적이라기보다는 "나를 분노하게 한 요소를 해결해 주고, 내가 잘살 수 있도록 적합한 서비스를 제공했으면 좋겠다"라는 이야기라고 판단하는 것이 더 정확할 것이다.

군의 예를 들어보자.

우리나라 병영생활 중에서 가장 많이 나오는 이야기 중 하나는 식단에 관한 것이다. 군 생활을 했던 사람, 예비군 훈련 중 식사가 별로라는 말들이 자주 들린다. 하지만 장교인 나로서는 사실 그 식사들이 어떻게 만들어지는지 안다. 매우 청결하고 영양학적으로 뛰어나다. 그러면서도 취사에 너무 많은 시간이 소모되지 않아야 하며 제한된 예산 내에서 집행해야 한다. 그렇게 노력해서 만들었음에도 불구하고 많은 인원을 위한 요리를 제한된 도구로 하다 보니 맛이나 모양에 대해서 일반 식당 이상의 식사를 제공하는 데에는 한계가 있다.

이것이 최선이라 한들, 혹은 실제로 뛰어난 식단이라고 한들, 고객이 원하는 것에 가까울까? 그러면 이 불만을 없애기 위해서는 어떤 방법이 있을까?

만약 사회적으로 인증 받은 요리사의 레시피를 적용한다면?

다시 말해 부대에서 정기적으로 소비되는 재료들을 이용하여 검증된 요리사에게 부대원의 수, 맛, 영양, 소요시간, 예산 등을 고려해서 레시피를 만들어달라고 요청하는 것이다. 그 후 취사를 담당하는 사람들도 이렇게 만들어진 레시피를 이용해서 정량대로 만들면 그야말로 '우리부대는 요리사 누구 씨가 만들어준 것과 똑같은 요리를 제공합니다.'라고 당당하게 말할 수 있을 것이다.

이렇게 시스템화를 이루면 만드는 사람도 고민할 요소가 줄고, 먹는 사람도 즐거우며, 간부들의 입장에서도 조리 시간을 예측할 수 있어서 더욱 관리효율이 향상될 것이다. 또한 대국민적으로 '군대에서 제공되는 식단은 너무 엉망이다.'라는 비난도 줄어들 것이다. 그 뿐인가, 그러한 검증된 레시피를 보고 만드는 취사 담당들은 또 연구해서, 사회에서도 적용될 수 있는 기술을 습득하게 되니 능력교육의 일환으로도 삼을 수 있다.

중요한 것은, '우리는 이러한 목표를 가지고 노력했다'가 아니라 '고객의 욕구를 얼마만큼 분석하고 충족시켰다'에 집중해야하는 것이다.

물론 Innovator's dilemma 에서 소개하는 세계 최고의 경영자들의 실패 이야기는 이것만으로 끝이 아니다. 여기서는 새로운 분야에 쉽게 뛰어들기 어려운 대기업의 한계점을 함께 제시한다. 거대 기업은 기존의 이익을 유지하고 효율을 증대하기 위해서 훨씬 명확한 데이터와 연구결과가 필요하기 때문이다. 반면에 새로운 분야에 혜성같이 나타나는 세력들은 그 분야에 특화해서 순식간에 모두 먹어치워 버린다.

예컨대, 거대한 기업에서 투자를 위해서 현재 시장을 분석하고 미래를 예측하며 기업이익을 위한 투자가치를 분석했을 때, 검증되지 않은 가능성만 내포된 새로운 분야는 그렇게 매력적으로 보이지 않는다는 것이다.

번듯한 대기업에 투자를 요청하면서 "사실 정확한 데이터는 없습니다. 하지만 사람들은 작고, 편리한 것을 좋아하기 때문에 이것이 곧 쓰일 겁니다." 정도로 보고하는데 어느 기업에서 적극적인 투자를 하겠는가. 하지만 저 설명은 투자자에게는 실망스러울 수 있지만 엄청난 파급력을 지닌 제품의 설명이기도 하다. 모든 투자자가 적극적으로 바라보았지만 그 정도의 돌파력은 없었던 세그웨이일 수도, 초기엔 외면당했지만 현재 모두가 가지고 있는 파괴적 혁신의 대명사인 스마트폰일 수도 있다는 것이다.

그렇기 때문에 고객들의 요구를 상호 확인하기 위해서 MVP (Minimum Viable Product) 모델과 린 캔버스를 포함한 린 스타트업이라는 각종 전략도 등장하게 된다. 이 전략은 간단한 시제품을 만들고, 고객의 피드백과 시장상황을 고려해서 유연하게 방향을 전환(Pivot)하여 유리한 사업을 추진하는 것을 이야기한다.

세계 최고의 전문가가 이끈 합리적 선택이 낳은 실패

이는 5장에서 좀 더 다루고자 한다. 다만 기본 경영을 위한 린 캔버스는 4장에서 고객들의 만족을 위한 방향을 설립하기 위해 다루게 될 것이다. 하지만 여기까지만 진행해도 다들 눈치를 챘을 것이다.

MVP 모델도, 린 캔버스도, 그 모든 전략의 기본은 '고객의 피드백과 시장상황을 고려해서' 움직이는 것이다. 즉, '고객'을 정의하고 그들의 욕구를 파악하는 것은 그 무엇보다 우선되는 것이다.

결국 사례연구를 통해서 볼 때에도 우리 조직의 존재 이유, 바른 역할, 경영철학, 혁신의 필요와 방향은 고객이 누구인지, 무엇을 원하는지의 고찰을 통해서 더 자세히 알아볼 수 있다는 사실은 확실해 보인다.

국 민 고 객

을 위 한

생 산 적 인

국 방 업 무

4 장

국민고객과
정부기업

이 거대한 고객평가를 만족시키려면

- 당신은 보안받기 위해 태어난 사람. 당신의 삶 속에서 그 권리 받고 있지요.
- 형, 제발 그런 노래 좀 더 이상 만들지 말아요.
- 그렇군요. 나의 고객님. 무엇을 도와드릴까요?
- 내 방에서 나가주세요.

정부의 역할은 무엇일까?

이 책에서는 국방부를 대상으로 서술하겠다.

군은 말할 것도 없이 국방, 즉 국토방위가 그 첫 번째 존재 이유인데, 국토를 풀어서 해석하자면 국민 그 자체와 그들의 재산을 포함한 삶을 이루는 모든 것이라고 할 수 있다. 그러니까 국방이란, 국민의 생명과 재산을 지키기 위해서, 국민에게 안보를 제공하는 서비스업이라고 할 수 있겠다.

이러다보니 대상 고객이 엄청나게 광범위하다. 일반적인 기업 프로젝트의 경우는 성별, 나이, 관심사, 기술의 노출정도, 사는 환경 등을 통해서 대상 고객을 더욱 세부적으로 분류하여 명확한 타깃에게만 집중하는데 반해 국방서비스는 모든 성별과 연령의 대한민국 국민을 대상으로 하기 때문이다. 게다가 우리나라의 국방 서비스를 제공받는 고객은 특이하게 나누어진다.

대한민국의 모든 국민은 국방 서비스의 대상인 군의 고객이다. 고객이란 무엇인가? 재화나 용역을 매매하는 사람이나 조직으로, 어떤 가치를 제공하고 그 대가로 공급하는 가치를 제공받는 사람이다. 국민과 군을 생각할 때 국민은 세금을 납부하고 안보라는 서비스를 받기 때문에 기본적으로 국민과 군의 관계는 세금과 안보로 이루어지는 것 같다.

그런데 우리나라 국민의 절반가량은 일정 기간 동안은 또 다른 국민에게 국방 서비스를 제공하는 입장이 된다.

바로 징병제도이다. 이 제도에 따라 20~30대의 남성은 약 2년간 국방, 또는 그 대체의무를 수행하고 향후에도 예비군이라는 제도를 통해 일정기간 동안 전시에 동원될 수 있도록 훈련을 받는다. 직업이 아닌 의무로서 국가를 위해 납세 이외의 별도 의무를 지어 '희생'하고 있다.

20~30세, 가장 신체적으로 건강하고 사회적으로도 자리를 잡아가는 시점에서 국가를 위해 전력을 '빌려주는' 것으로 그 시간은 개개인들에게 엄청나게 중요하다. 이렇게 서비스를 제공받는 고객이 엄청나게 중요한 가치를 포기하고 서비스를 제공하는 군의 일부가 되는 상황이 우리나라만의 제도 때문에 고정적으로 발생하고 있다.

이렇게 법으로 정해진 별도의 의무를 수행하고 국방 서비스에 동참한 사람을 그렇지 않은 고객과 동일선상에 놓고 봐도 될까?

이들은 우리나라의 특수한 사정 때문에 다른 나라에는 없는 경제적, 시간적 비용을 고정적으로 제공하는 독특한 고객이다. 따라서 일반 국민과 나누고, 우선적으로 고려하도록 하자.

징병 고객 여러분들은 현재의 서비스에 만족하실까?

- 형, 그러고 보니 저 조만간 군대 가야 돼요.
- 이번 프로젝트가 끝나면 곧 영장 나오겠네. 군대 갈만

할 것 같아?

- 공부 계속하고 싶죠. 아니면 이대로 창업해도 좋고.

- 군에 다녀와서 가산점 받으면 취업에 도움이 되지 않을까?

- 그게 추가적으로 학위를 받고 각종 자격증을 취득하는 것보다 좋을까요? 창업경험보다 좋을까요?

- 그래도 군대 다녀와야 성인 남성으로서 인식이 좋아진다고들 하잖아?

- 요즘 누가 그렇게 생각해요. 뺄 수 있는 조건이 없어서 간다는 사람이 더 많을걸요.

이들은 군에 가는 것 자체를 그렇게 선호하는 것 같지는 않다. 왜 가기 싫어할까?

첫째는 다녀와서 주어지는 가치, 즉 군 가산점이나 장병 생활 중의 복지 또는 제대 이후의 평가 등이, 군에 가지 않고 2년의 시간을 스스로에게 투자하는 것 이상이 되지 못한다고 느끼는 것으로 보인다. 그러면 제대 후 사회적으로 줄 수 있는 직접적인 보상인 군 가산점을 높이면 안 될까?

국민고객을 위한 생산적인 국방업무

어렵다는 말이 많다. 아주 다양한 의견들이 있지만 이 책에서는 과거 헌법재판소의 결정이나 헌법상 국가 의무사항에 대한 보상은 불가하다는 등의 법적 공론은 배제하였다. 다만 합리성과 논리로 의견을 제시하였다.

반박하는 내용에 대해서 가장 큰 세 가지를 다루어 보자.

첫째는 여성 등 애초에 군에 갈 기회가 없는 사람들에 대한 차별이 될 수 있다는 것이다. 둘째는 군에서 희생한 애국의 가치를 어느 정도로 평가할 수 있는가의 문제이다. 마지막은 전문성이 부족한 인원이 가산점으로 배치되면 인적자원의 소모가 발생한다는 것이다.

그러면 가산점을 차별 없이 적절한 가치를 평가하여 제공할 수 있는 방법은 없을까?

우선 이 군 가산점에 대해서 알아보자.

시작은 1961년으로 거슬러 올라가야 한다. 당시 군사정권하에서 군 복무자에게 가산점을 주기로 결정했고, 30년 후 헌법재판소는 이 제도가 헌법이 보호하고자 하는 남녀평등이나 장애인에 대한 차별 금지라는 가치에 침해된다는 결정을 내렸다.

하지만 좀 더 근원적으로 고민해보자면, 군 가산점에 대해서 군에 갈 수 없는 사람들이 차별이라고 주장할 수 있다면, 애초에 이 차별은 특정 국민만 '희생'하는 것을 보상하기 위해서 시작되었다는 사실에 주목해야 한다.

군 가산점에 대해서 고용상의 특혜이자 형평성의 침해라고 얘기하지만 오히려 징병 대상자들 사이에서는 면제야말로 진짜 특혜라고 느끼는 사람들이 더 많다.

군 가산점을 전 국민에게 인정받을 수 있도록 추진하기 위해서는 여성과 남성, 장애인과 비장애인으로 나누어 논쟁하려는 자세는 곤란하다. 현역으로 복무할 수 있는 능력의 여부로 나누고, 신체적 한계로 군에 갈 수 없어 다른 방법으로 국가에 봉사하는 역할인 공익근무, 소방보조, 간호보조, 기타 임무를 할 수 있는 기회의 평등을 모든 국민에게 제공해야만 이 문제를 근본적으로 해결할 수 있을 것이다.

남자니까 군대에 갔고, 2년의 시간을 국가를 위해 봉사했기 때문에 그 봉사 시간을 위한 가산점이 필요하다는 것이 현재의 논리라면, 성별도 장애여부도 떠나서 모든 역할에 지원할 수 있게 하고, '특정기간 동안 국가에 봉사를 했느냐 아니면 그 시간을 본인을 위해 투자를 했느냐'의 여부에 따라서 가산점이 주어져야 한다는 것이다. 지금은 현역에서 공익근무요원까지 오롯이 남성들에게

만 기회가 주어져있지 않은가?

사실 이 제도의 허점은 예전부터 있었지만 2018년 현재는 사회복무요원이 장애인 학생을 폭행하는 사건까지 발생했다. 예전에는 국민들이 '저런 나쁜 놈을 봤나'라고 이야기했다면 지금은 '애초에 4급이라는 판정을 받은 사람에게 저렇게 어려운 일을 시키는 것이 맞나? 전문적으로 배운 사람도 어려운 일이 아닌가?'라고 생각하게 되었다. 결국 기존 제도의 변화가 필요한 시점이 도래한 것은 확실하다.

또 상식적으로 징병이 필요한 국가인데, 전쟁이 발발했거나 국가 비상사태 시에 군에 다녀오지 않은 사람이 아무런 역할을 할 수 없다면 이는 국가에서 의무교육을 제대로 했다고 할 수 있을까? 이것이야말로 차별 아닌가?

전시에 신체적인 한계가 있다면 각종 장비를 활용할 수 있는 지식이나, 심폐소생술, 소방장비 운용, 그 외 응급처치 및 각종 의술보조를 수행하면서 전투보조의 업무를 익히는 것도 가능하다. 이와 함께 평시라면 공익근무요원이 할 수 있는 모든 일에 더하여 교통정리, 각종 정부홈페이지 관리, 양로원 및 어린이집 보조, 야간순찰, 환경미화 등등의 다양한 사회 봉사활동도 얼마든지 수행할 수 있을 일이다. 게다가 보안에 관련된 부분을 제외하고, 현재는 일반 병사가 수행하고 있는 취사, 정비, 시설물 관리 등의 많은 부분을 이들이 위임하게 한다면 결단코 인원의 감축 또는 복무기간의 단축이 전투력 저하에 영향을 미치지 않을 것이다.

이러한 노력들이 있어야만 단단한 안보의식과 사회적 환경의 조화를 이루어낼 수 있을 것이고, 고객이 신뢰하고 국민이 원하는 서비스를 제공하는 군이 될 수 있을 것이다.

이렇게 군 가산점이 여성과 남성 등의 문제가 아니라 국가에 봉사했던 경험을 가치로 환산할 수 있는 제도가 되어야 할 것이다. 더 나아가 다양한 업무를 제공해 본인이 관심 있는 분야로 지원하는 방향으로 나아간다면 업무와 연관도 없는 가산점으로 입사하는 것이 아니라 정말 '경력 있는 신입'이 만들어질 수도 있을 것이다.

성별과 장애여부를 뛰어넘어 모든 국민을 대상으로 징병제와 대체복무 등의 기회를 제공하는 것은 당장의 현실과 너무나 다르고 큰 사안이라서 현실적으로 진행하기 어렵다. 그러한 제도가 실제로 만들어지기 위해서는 대대적인 정책적 혁명을 일으켜야 하는데, 쉽지 않은 일이다.

다만, 물꼬를 틀 방법이 있다면 현재의 '징병기간 자체를 희생의 시간으로 보고 보상이 필요하다는 인식'을, '징병 기간을 가치 있는 시간으로 보고 갈 수 있는 기회조차 없다는 것이 오히려 차별'이라는 인식으로 만들어간다면 가능성이 있을지도 모른다.

둘째로 국민들이 군을 기피하는 이유는 과거 군사독재 시대에서부터 존재해온 악감정과 이미 제대한 사람들의 각종 고충담 때문으로 보인다.

난 '군바리'라는 이 단어를 참 싫어한다. 군인이란 자신의 희생을 대가로 국민을 보호하는 사람이다. 직업이라는 말을 쓰지 않은 것은 군인(軍人), 즉 단순한 경제수단의 직업을 초월한 가치를 지니고 추구하는 사람을 뜻하기 때문이다.

물론 군 내에서도 비난받아 마땅한 사람들도 존재한다. 하지만 그런 사람들을 쉽게 한 단어로 묶어 폄하하는 행위는 옳지 않다. 특정 인물의 잘못을 일반적으로 확대해서 욕하는 것은, 일부 남성 범죄자를 보고 전체 한국 남자를 '한남'이라고 매도하거나 일부 무개념한 여성의 행위를 보고 모든 한국 여자를 '김치녀'라고 일컫는 것만큼이나 저급한 일반화의 오류이다. 이러한 프레임을 만드는 것은 그 어떤 활동에도 부정적인 갑옷을 씌워 토론과 상생의 환경을 차단하는 부작용을 낳는다.

쉽게 얘기해서 두 남녀가 소개팅에서 만나 이야기한다고 생각해 보자. 정상적인 상황이라면 서로를 알아가기 위해서 대화를 나눌 것이다. 그런데 남자 쪽에서는 '응 김치녀', 여자 쪽에서는 '응 한남' 하면서 스스로의 귀를 틀어막고 비난만 하면 어떻게 될까? 절대로 생산적이고 합리적인 의사결정에 도움이 될 수 없을 것이다.

이러한 모습은 정부조직에서도 나타난다. 국방부에서 어떤 사안에 대한 발전방향에 대해 발표하면 '응 군바리', '응 방산비리'라며 듣지 않는 것과 똑 같다. 그래서 곧 대민 신뢰도에 영향을 미치고, 또 열심히 복무하는 사람들의 사기에도 영향을 미친다.

정상적으로 제대해서 사회의 일원으로서 직장에서 일을 계속하는 사람들은 이미 느끼겠지만, 한때는 세상에 다시없을 무능하고 비난받아 마땅하다고 생각했던 군에서의 상급자들이란 실상 사회에서도 종종 마주치는 '일반적인' 사람들이다. 다만, 군 생활 당시에는 사회생활을 시작하기 전의 젊은 사람들이 모이고 또 계급이 주어지다 보니 서로 간에 갈등이 만들어지기 쉽게 된다. 뿐만 아니라 위험한 업무를 수행하는 특성상 사고가 많을 수밖에 없다.

이런 상황 때문에 그들에겐 군 복무가 딱히 자부심을 가질만한 업무가 아니었고, 다른 장병들도 그랬을 것이라는 짐작을 한다. 그

국민고객을 위한 생산적인 국방업무

래서 그들은 경험을 바탕으로 스스로의 출신을 욕하는 경험자가 되기도 한다.

그런데 만약 그들이 군에서 많은 것을 얻어갔다면? 제대 후 한 명의 국민으로부터라도 '당신의 희생에 감사드립니다'라는 말을 들었다면? 혹여 군에서 얻은 상처나 피해를 치유해주기 위한 정부의 노력에 감동했다면? 그래도 그들이 그렇게 비난할까?

우리나라가 징병제를 택하고 있는 것은 기본적으로 아직 전쟁이 종료되지 않았기 때문이고, 전쟁 상대국이 몹시 가까이 위치해 있어 즉각적으로 대응해야할 필요성이 있기 때문이다. 그럼에도 불구하고 왜 우리 장병들은 그 희생에 대한 숭고함을 인정받지 못하는지는 심각하게 고민해볼 문제이다.

결국 2년간 희생하는 징병 병사들에 대한 보상과 대민 신뢰도에 대한 문제점을 우리는 가지고 있고, 이를 해결하기 위해 많은 노력을 하고 있지만 쉽지 않다는 것을 알 수 있다.

군을 기피하는 현상을 타계하기 위해서는 군을 바라보는 국민과, 군에서 업무를 하는 국민들 모두 스스로 자부심을 가질 수 있는 기관이 되어야만 가능할 것으로 보인다. 물론 단시일에 되는 것은 아니다. 대국민 평가를 향상시키기 위해서 우리 정부는 서두에 언급된 군 가산점 문제, 월급의 향상, 군 내 환경의 개선 등을 위해 적극적으로 노력하고 있다.

그러면 이 고객들은 현재 자신들이 제공받는 서비스에 대해 만족할까? 종종 제공되는 서비스 중 하나인 문화적 혜택을 일례로 살펴보자.

- 그래도 군 복무 중에 나름 혜택이랄까, 있지 않으냐?
- 그렇죠. 영화나 이런 이벤트 잘 챙기면 그건 또 괜찮아요.
- 국립공원 이런 것도 은근히 할인돼.
- 그런데는 원래 비싸지도 않아요. 그리고 우리 나이에 그런 곳에는 잘 가지도 않지만 그것도 복무 후에는 다 없어지곤 하죠. 간부 이상은 또 그런 혜택에서 배제된다면서요?

이는 일회적이긴 하지만 쓰기 나름인 것 같다.

다음으로 군 생활 중에 지급되는 직접적인 재화가치, 즉 장병월급에 대해 생각해보자. 아래의 표와 같이 장병 월급은 지속적으로 인상되어 왔다. 장병 처우개선은 그간의 밀린 숙제였던 만큼 월급 인상이 추진되는 데는 적극 찬성한다.

국민고객을 위한 생산적인 국방업무

구분	'09	'10	'11	'12	'13	'14	'15	'16	'17	'18
이병	735	735	783	815	937	1,125	1,293	1,487	1,630	3,061
일병	795	795	847	882	1,014	1,217	1,399	1,690	1,764	3,313
상병	880	880	937	975	1,121	1,346	1,547	1,779	1,950	3,662
병장	975	975	1,038	1,080	1,242	1,490	1,714	1,971	2,160	4,057
비고	0%	0%	6%	3.5%	15%	15%	15%	15%	10%	88%

※ 출처: 국방부, 단위: 100원

과연 예전보다는 제법 높아졌다. 하지만 실질적으로 얼마나 도움이 될까?

생각해보면 내 동기 중 한 명은 1학년 때 생도 품위유지비를 1년간 모아 100만 원을 부모님 선물로 드리기도 했다고 한다. 올해의 장병월급은 그것보다 높은 수준이다. 그렇다고 이것이 군복무의 보상으로 충분할까?

그렇지도 않은가보다. 놀랍게도 파격적으로 오른 2018년도 장병월급은 최저임금의 30% 수준이다.

- 그런데 요즘 병들 월급이 내 생도 때 품위유지비보다 높아졌어. 점차 좋아지고 있는 거 아닐까?

- 음, 그런데 2년간 편의점에서 아르바이트만 해도 더 모을 수 있지 않을까요?

맞는 말이다. 장병 월급이 당연히 사회적인 수준에 따라서 어느 정도 높아져야 하는 것은 물론이다. 하지만 예산의 한계, 사회적 비용 등을 고려했을 때 이것이 2년간의 징병에 대한 근본적인 보상이 되지는 못하는 것으로 판단된다. 앞서 본 것과 같이 2년간 다른 경제활동을 하는 것과 비교되기 때문이다.

결국 군을 다녀오면서 얻을 수 있는 가치가 2년간 다른 것에 투자한 것과 비교했을 때 최소한 비슷해야 하는데, 전혀 그렇지 못하기 때문에 단순한 제도적 점수나 월급의 향상으로는 이를 만족시키기가 어려운 것이다.

그러면 2년간의 징병에 대한 보상이 적절히 이루어지려면 어떻게 해야 가능할까? 징병되어 보내는 시간에 원하는 일을 하면서 경력을 쌓거나 공부를 하는 것 이상의 가치를 얻을 수 있는 방법이 무엇이 있을까?

- 일단 훈련시간을 제외하고는 숙식이 제공되잖아. 영양 잡힌 식사를 하며 운동해서 몸 관리는 하고 나올 수

있지 않을까? 가끔씩 군에서 이른바 몸짱이 되어 전역한다는 사람들도 있잖아.

- 그건 자기 하기에 달리긴 했네요.
- 아니면 공부를 해서 자격증을 얻는다든가.
- 그것도 다 군 밖에서 하는 것이 더 낫지 않나요? 아니다, 숙식이 제공되는 상태에서 별도로 시간을 준다면 그건 밖에서 투자하는 시간과 달리 또 얻을 수 있을 것 같기는 하네요.

모두가 군 생활을 고통스럽게 다녀온 것은 아니다. 누구는 군에서 수십 가지의 자격증을, 누구는 규칙적인 생활로 건강을, 누구는 전우라는 친구를 얻은 것을 인생의 큰 가치로 여기기도 한다.

하지만 이것은 외부의 경험과 비교해서 특별히 얻을 수 있는 것도 아니고, 모든 부대가 이러한 생활을 보장해줄 수 있는 것도 아니다. 물론 개인의 만족도는 그들 스스로가 결정하는 것이지만, 상기의 방법들은 근본적인 해결책을 제공하는 것은 아닌 것 같다.

실제로 징병된 장병이 정말로 힘든 것은, 훈련으로 육체가 좀 힘든 것이 아니라 '시간'에 있다. 당장 사회에서 자리 잡기 위해 만날 사람과, 할 일, 해야 할 공부들이 있는데 2년 동안 처음 보는 사람들과 나의 직접적인 가치향상에 관련 없는 업무를 그것도 편하지 않게 수행해야만 하기 때문이다.

2년간 본인의 분야에서 멈추어 있는 것은 정지해 있는 것을 뜻하지 않는다. 징병되어 있는 2년 동안에도 세상은 잘 돌아가고, 학교도 직장도 문제없이 돌아간다. 이것은 사회는 앞으로 나아가고 있는데 본인은 멈추어 있어서 상대적으로 뒤로 처지고 있는 것이다. 즉 이 '뒤처지는 시간'을 없애야 한다.

실제로 물리적인 시간을 제거하거나 그 가치를 높여 2년의 '희생의 시간'이 '투자의 시간이'이 될 수 있도록 변화시키는 것이 중요하다.

지금 정부에서 다양하게 노력하고 있지만 결국 기업의 평가는 그들이 아니라 고객이 하는 것이다. 즉, 징병된 국민이 아니라고 느끼면 아닌 것이다.

현재까지의 국민고객과 정부의 상태를 바탕으로, 군 복무에 참여하는 국민고객을 대상으로 국방서비스의 린 캔버스를 작성해보자. 목적은 국민고객의 만족도를 충족시키는데 어떠한 서비스를 제공하고 있는가를 한눈에 보기 위함이다.

국민고객을 위한 생산적인 국방업무

린 캔버스는 문제(약 3가지), 목표고객, 고유 가치제안, 문제해결 (약 3가지), 채널(고객도달 통로), 수익원, 비용구조, 핵심지표(측정해야 하는 가장 중요한 지표), 경쟁우위 등 9가지에 대해 답하는 것으로 작성된다. 물론 징병 의무를 가지는 고객과 그 외 국민들의 경우 이 항목에 대한 중요도가 달라질 것이다.

예컨대, 채널, 즉 고객전달 통로 같은 분야는 일반적인 경우 굉장히 중요하지만 징병되는 경우에는 별다른 방안이 불필요한 것이다.

통상 린 캔버스를 그릴 때는 문제점과 해결방안을 중점에 두고 중요도에 따라서 주제별로 기입해 나가는 테이블식의 방식을 택하지만 지면이라는 특성을 고려하여 자연스럽게 읽을 수 있도록 순서대로 나열해보았다. 현재의 국방 서비스를 기준으로 작성한 린 캔버스이다.

1. 국방업무의 문제점 및 과제
  1) 충분한 국방력의 유지 및 향상
  2) 징병에 대한 보상필요
  3) 대국민 신뢰도 향상필요

2. 고객

1) 징병되는 현역 국민

2) 징병되는 대체복무 국민

3) 징병대상이 아닌 국민

3. 고유의 가치

1) 국토방위

4. 현재의 해결방안

1) 군 내 환경의 개선

2) 최저시급 이하의 월급향상, 문화생활 할인혜택 등

3) 제한적이고 논란이 많은 군 가산점 지원

4) 복무기간 단축

5. 고객 도달 통로

1) 직접(징병국민)

2) 국방방송 등

6. 수익원

1) 국방예산(세금): 방위력 개선비 / 전력운영비(전력유지

국민고객을 위한 생산적인 국방업무

비, 병력운영비) 중 병력운영비

7. 비용구조
1) 생활 개선비
2) 장병 월급
3) 사업비 등

8. 핵심지표
1) 국방력
2) 징병 국민의 만족도
3) 대민 신뢰도

9. 경쟁우위
1) 안보유지라는 고유의 가치(보람)

현재의 해결방안이 국토방위라는 고유의 가치를 실현하고 있지만, 대민 신뢰도나 징병 국민의 만족도에서 그렇게 높지 않다는 것은 앞서 충분히 언급된 것 같다. 이는 지금 정부에서 제공하고 있는 서비스의 질의 문제라기보다는 자신에게 온전히 투자하는 2년의 시간과 비교될 수밖에 없기 때문이다.

2년은 상당한 시간이다. 고등학교를 졸업하고 전문대학교에 입학하거나, 대학교를 졸업하고 대학원으로 진학하면 아예 학위가 바뀌어 버린다. 결론적으로 군복무를 수행하는 고객들의 평가를 높일 수 있는 궁극적인 방법은 결국 고객들이 군에서 투자하는 시간 자체의 가치를 최대한 사회적인 가치로 환원 가능하게 높이는 것이 유일하다고 판단된다.

그게 어떻게 가능할까?

징병되어 보내는 시간에 원하는 일을 하면서 경력을 쌓거나 공부를 하는 것 이상의 가치를 얻을 수 있는 방법이 무엇이 있을까?

- 군에서만 줄 수 있는 것이 사회적으로 적용되는 것이라면? 아니면 밖에서 얻기에는 많은 투자가 필요한 것을 제공해서 성장시켜 준다면?
- 군에 가면 어디 대학을 다니는 것처럼 특별한 자격증을 습득할 수 있다는 건가요?
- 그렇지. 육군은 전차나 자동차, 해군은 선박, 공군은 항공기 분야 등으로도 좋고, 아니면 미래 군에 접목시키기 위한 신기술들도 연구시키고 실제로 다루어 볼 수 있도록 하면? 스킨 스쿠버도 실제로 자격증을 얻기

위해서는 많은 비용과 시간이 투자되는데 해군에 있을 때는 바로 장소와 장비가 제공되어 어렵지 않게 취득 했거든. 당장 해군사관학교 졸업 요건에 수상인명구조 요원 자격증이 필요한 것과 같이.

이 대화 중에서 약간의 힌트를 얻을 수 있었는데, 군 생활 자체에서 습득할 수 있는 '무언가'를 인생 스펙으로 만들 수 있는 것이 답이 될 수 있겠다 싶었다. 군에 다녀오면 철이 들고 인내심을 가지게 되어 '어른이 된다'는 옛말이 아니라, 군에 가면 당연히 '실질적인 무언가'를 습득하게끔 만드는 것은 어떨까?

예를 들어 고등학교를 막 졸업한 친구가 있다 하자. 군대를 가는데 아래의 대화를 주고받는 것이 상식이 되는 것이다.

- 운전면허를 돈 주고 학원가서 취득하던 시절도 있었지. 지금이야 육군에서 일병으로 진급하려면 다 교육받고 면허받아야 하는데, 조금만 연습하면 다 딸 수 있어.
- 나는 해군으로 갈 생각이라서. 거기서는 일병 진급 때 수상인명구조 자격증을 준대. 상병 때 해기사 받아서 제대하면 관련 대학에 진학하거나 바로 선박업계로 취

직할까 고민 중이야.

- 나는 최전방 부대로 가서 권투를 본격적으로 배울 거야. 전방부대인 만큼 체력단련 코스에 권투가 있는데 보통 복무 중에 프로 라이선스를 딸 수 있고, 나중에 코치 및 감독 코스로 추천받아 가기도 좋다고 하더라.

나아가서 자신의 업무를 잘하는 병사들은 주특기 장비를 더욱 상세히 교육받도록 하여 이것이 사회에서도 인정되도록 심화과정과 연계하는 방법도 있겠다.

예를 들면 통신병이 관련된 부분의 공학기술을 배워 방산업계나 무전기 및 휴대폰 개발 등으로 연계하여 성장할 수 있는 것이다. 현실적으로는 그 기간에 고도로 숙련되는데 한계가 있기 때문에 만약 저런 미래가 된다면, 간부 등으로 지원하는 자들도 꽤 있을 것 같다.

지금 내가 연구하고 있는 전기전자공학 제어공학 연구실에 석사나 박사학위를 위해서 근무하는 연구원들을 예로 들어보자.

각종 입출력 신호의 효율적인 제어를 위한 알고리즘, 필터나 제어기법을 적용할 수 있는 많은 무기체계가 있다. 이들이 여기에 대해서 연구하고 새로운 것을 발명하거나 관련된 논문을 생산할 수

국민고객을 위한 생산적인 국방업무

있도록 장려한다면 어떨까?

효율적인 순서를 정하기 위한 큐잉이론이나 적절한 대체수량을 검토하기 위한 TMR(Triple Modular Redundancy) 이론 등을 발전시켜서 군수업무의 적절성에 대한 정책연구를 고려할 수 있다면 얼마나 좋을까?

먼 미래에나 가능하다거나 또는 불가능해 보이기도 하지만 비슷한 제도를 진행하고 있는 국가가 있다. 바로 이스라엘이다.

이스라엘은 우리와 같이 징병제를 채택하고 있는 나라이다. 우리나라와 다른 점은 크게 두 가지로, 하나는 남녀 모두 징병한다는 것, 또 다른 하나는 징병된 군인들 중 우수한 인재를 선택해서 군사과학기술을 전문적으로 교육시킨다는 것이다.

결국 상당한 군사과학 기술 엘리트로 교육시켜서 해당분야와 관련된 창업전문가로 양성하는 것을 목표로 하는 코스를 진행하고 있다. 즉 군 생활 중 엘리트들은 군사과학 분야의 엘리트로 성장하기 때문에 군이 국방창업학교의 개념을 가지게 되는 것이다. 창업이라는 제목이 정부업무와 약간 동떨어져 보이는데 이 점에 대해서는 6장에서 좀 더 고민해보도록 하자.

어찌되었건, 이스라엘 같은 방법을 우리나라에서도 선택적으로 적용하면 어떨까?

앞서 언급한 바와 같이 운전병이라면 차량의 구조와 정비, 운전 등에 대한 교육과 관련된 자격증을 획득하는 것은 기본이고, 이 중 계급이 올라감에 따라 1종 시험을 통과한 사람이라면 더욱 높은 개념의 공부를 해야 하거나 할 수 있게 한다.

이후에는 군 특성화 차량 연구개발 등에 소요제기부터 사업관리까지의 단계에 참석하고 그것을 자신의 스펙으로 삼을 수 있는, 이른바 군 자체가 기술습득과 취업스펙 쌓기의 학교 개념이 되는 것은 어떨까?

현재 대부분의 군을 유지하는 육군, 그곳에서 또 대부분의 병사를 담당하고 있는 '보병'의 경우에도, 체육 계열과 이공 계열 자격증을 충분히 교육하고 습득할 수 있는 기회를 줄 수 있을 것으로 판단된다. 2년간 사회에서 돈과 시간을 투자해서 별도로 습득해야하는 자격증을, 군에서는 임무를 수행할 수 있는 자격으로 당연히 습득하게끔 진행하는 것이다.

그때에서야 "군대 나와서 그것도 못해요?"라는 말을 할 수 있다. 현재 이 질문은 "넌 뭐냐? 그 정도 인내도 희생도 못해?"라는 비난의 의미가 크다면 앞으로는 제대 장병에 대한 기본적인 신뢰를 가지게 되어 "어라? 군대 나온 다른 사람들은 모두 이 기술을 보유하던데?"가 될 것이다. 즉 당연히 일병 이상의 계급을 습득한 사람이라면 1종 운전면허 등은 가지고 있는 것이 상식화되고, 보다 노력했다면 정비사 등의 종목에 대한 전반적인 기술을 가지고 있는 것이 당연한 세상이 되는 개념이다.

이것은 앞서 고민했던 군 가산점과 제대 장병에 대한 평가, 징병된 고객의 사회적 가치향상을 위한 투자의 시간을 동시에 해결할 수 있다. 군 가산점 대신에 관련된 계통에 대한 능력을 학습하고 공인받음으로써 그 전문성이 제대 장병의 평가 상승으로 곧바로 이어질 것으로 판단된다. 신뢰받게 된다면 자연스럽게 해결될 문제들이 다수 있다. 이것은 군인들의 공인된 질이 높아진다면 당연한 이야기이다.

군인들끼리 자기 부대의 훌륭함을 비교할 때 왜 항상 결론 없는 말다툼으로 끝나게 될까?

군의 가장 큰 특징이자 또 사회적 가치로 환원하기 힘든 이유가 바로 폐쇄성이다. 이는 군사보안 때문에 필수이기도 하지만, 사실은 규정 때문에 융통성을 발휘할 수 없는 경우가 더욱 많다.

실제로 충분히 공개된 내용이지만 소속된 조직원으로서 규정에 의해 협력이 이루어져야 하는데 진행이 어려운 경우가 많다. 더 안타까운 것은 비밀이 아니어도 되는 사안이 군이 기밀로 설정되는 것이다. 공개해서 넓게 검토되는 것이 나은데 그러지 못해서 오해를 사고, 검토의 시야가 좁아지는 현상도 발생할 수 있다.

항상 최악을 가정하도록 훈련받은 탓에 조금이라도 잘못될 가능성이 있는 것은 모두 꽁꽁 여미게 된다. 하지만 놀랍게도 통상 그런 내용은 인터넷에 이미 정부 공개 자료로 제시된 경우가 많다.

인력에 있어서도 그렇다. 군대 내에서 어떤 사람이 능력이 뛰어나다거나 그렇지 않다는 등의 이야기들을 할 수 있다. 하지만 그건 그 안에서의 이야기에 한정된다.

군대 이야기만 하는 사람을 이른바 '군무새'라 하며 사회에서는 희화화하기도 한다. 이들은 2년간의 희생에 대해 사회적으로 따뜻한 말로라도 보상받기 원해서 계속 군 업무 중 힘들었던 이야기를 한다. 하지만 전혀 공감되지 않는 내용이라 군필자들끼리만의 모임이 될 뿐이다. 오히려 국민 중에는 미필자가 다수이므로 그들에게 공감되지 않는 하소연은 무시를 넘어서 이제 놀림감이 되는 안타까운 현실까지 도래했다. 하지만 이들의 고생을 사회적 가치로 나타낼 수 있다면 사정은 전혀 달라질 것이다.

군 내에서의 능력과 업무강도에 대해서 '많은 인맥이 있다', '무슨 검열과 훈련에서 항상 우승했다', '얼마만큼 고생해보았다' 정도의 이야기밖에 할 수 없다면 과연 국민들이 공감하고, 원하는 방향으로 경영되고 있다고 할 수 있을까?

사회의 시각에서 볼 때에도 경쟁력이 있어야 하고, 그것을 인정해야만 국민들의 신뢰가 향상될 수 있을 것이다.

예를 들어 "우리 부대에서는 체력단련을 강조해서 하루 10km 구보를 하고, 하루에 두 시간씩 축구를 했어. 체육대회가 얼마나 살벌했다고. 그리고 검열 때 진짜 화장실 구석까지 다 치약으로 닦았어. 청소는 문제없어"라고 주장하는 군대가 있고, "우리 부대는 전원이 사격 및 무도 관련 교육과 자격증을 취득했어. 절반은 자동차 정비 1급을 받아서 부품만 있으면 뚝딱 정비해서 다시 썼지. 지금도 애매한 고장은 뭔지 진단할 수 있어" 하는 군대가 있다면 둘 중 누가 더 국민의 신뢰를 얻을 수 있을까? 또 각 부대원들이 사회로 돌아갔을 때 어느 부대를 나온 것을 더 뿌듯해하고, 더 도움이 된다고 생각할까?

착각하기 쉽겠지만 군의 기본은 전투이고, 군의 경영 역시 전투력에 기반을 둬야한다. 그렇기 때문에 공인된 전문기술을 갖추는 것이 더 요구되는 것이다. 과거에는 정신력이면 다 된다는 이야기가 있기도 했다. 육체적·기술적 차이를 극복하기 위한 정신단련이라고 심지어 가혹행위를 하는 경우도 있었다. 하지만 현대전을 거치면서 모두가 경제력과 기술력을 기반으로 이를 잘 활용하는 것이야 말로 큰 전투력이라는 것을 알게 되었다. 육체적으로도 묽은 죽을 먹으며 엄동설한에 정신무장한 군인보다 고급 영양제를 먹으며 발달된 근육과 체력을 가진 군인이 더욱 강할 것은 자명하다.

고생을 하는 것이 중요한 것이 아니라 그 결과를 보여주고, 그것이 일반적인 국민에게도 공감될 수 있는 수치로 표현될 수 있어야 한다.

개인적인 것보다 군사 기술의 사회적 가치를 공개하는 것은 더욱 중요하다. 어지간한 보병 한두 부대는 안 보이는 곳에서 손가락으로 조정하는 무장한 무인 항공기 프레데터를 이길 수 없다. 선진화되고 첨단화된 군사기술의 공개는 잠재적 위협국에게는 우리나라에게 피해가 갈 행동을 아무래도 자제시킬 수 있도록 하고, 국민에게는 든든한 안보를 보여줌으로서 정부에 대한 신뢰를 얻을 수 있도록 하며, 징병 대상자들에게는 실질적인 생명을 보호하고 뛰어난 기술을 익힐 수 있는 기회를 제공할 수 있다.

국민고객을 위한 생산적인 국방업무

하지만 이러한 사회적 가치의 개발과 공개에 대해서 조심해야 할 것도 분명히 있다. 무조건적인 문민화에 대한 주의가 그 대표적인 예로 들 수 있다.

2차 세계대전까지만 하더라도 군의 기술과 각종 정책이 민간을 주도했었지만 수십 년이 지난 지금은 당연 민간 전문분야가 각 분야에서 훨씬 효율적이고 합리적이다. 그것은 자명한 일이지만 그것이 무조건적으로 민간에서 군을 이끌어야 한다는 말과는 다르다. 목표와 수단의 주객전도가 발생하지 않게 조심해야 한다.

예를 들면 앞서 소개된 프레데터의 개발은 드론 과학을 연구하던 과학자 주도가 아니라 선진 개발된 과학기술을 보고 전장에 응용하고자 했던 미 공군장교 출신의 국방부장관의 노력으로 만들어졌다. 즉, 전장이라는 현실을 아는 것이 첫째이고, 이에 무인기의 필요성을 느끼는 것이 두 번째이며, 현재의 기술추세를 파악하고 융합하는 것은 그 다음에 이루어져야 한다.

이런 실상을 모르면 전투요원이 아닌 군인은 모두 공무원이나 민간으로 대체할 수 있다는 의견까지도 나올 수 있다. 하지만 관련된 실무경험이 조금이라도 있다면 그 말이 틀렸다는 것을 알게 된다. 전투요원 외의 군인이 모두 민간 대체가 가능하다는 것은 파일럿이 아닌 공군, 육상 근무를 하는 해군, 전방 부대에 소속되지 않은 육군, 각 군 본부와 합동참모본부의 모든 군인은 불필요하다는 의견이 된다.

과연 그러한가?

일반 회사로 치자면 생산 공정에 있거나 영업을 담당하는 직원 외에는 모두 외부 행정사에게 위임하면 된다는 말과 비슷한 이야기다.

정말 그러한가?

당연히 아닌 것을 알 것이다. 그 조직에 대한 이해가 없는 경영이 현장에 얼마나 큰 영향을 미치는지 큰 조직에서 일해 본 사람은 누구나 알고 있다. 현장을 모르는 사람이 인사나 기획, 정책에 참여하는 경우 현장에서는 얼마나 큰 피해가 발생하는지 모른다. 대체로 탁상공론 끝에 결정된 내용들이어서 나중에 어쩔 수 없이 피해를 체감한 후 수정된다.

그럼에도 불구하고 국민들이 군대 내에서의 행정 절차를 믿기보다 문민화를 추진하려고 하는 이유는, 폐쇄적이고 권력화된 내부가 보이지 않기 때문이다.

보이지 않는 것보다 믿기 어려운 것은 없다. 어떠한 정부 조직에서도 같을 것이다. 어느 소속의 공무원이라 하더라도 그 월급과 그들이 추진하는 업무의 예산은 국민의 세금으로 이루어지므로 그 세금을 어떻게 활용했는지, 그 사회적인 가치가 어느 정도인지 공개되지 않으면 결국 한계점에 부딪힐 것이다. 그나마 일반기업이라면 파산정도로, 통상적인 정부조직이라면 예산의 낭비로 마무리되지만 국방은 그렇지 않다.

따라서 현장을 아는 군인이 인사, 정보, 작전, 군수 및 무기체계, 전력 등 적재적소에 배치되어 각각의 전문성을 더욱 발휘해야 실질적인 전장을 주도하는 세력을 양산할 수 있는데, 이를 위해서는 그 과정과 과정에서 사회적 가치를 증명할 수 있도록 공개할 수 있는 방안이 필요하다.

이 일은 쉬운 것이 아니라서 실질적인 미래 전장 맞춤형 국방의 변화를 위해서는 현장을 지원하기 위한, 현장을 아는 군인을, 현장이 아닌 기관의 보조인원으로 증가시켜야 할 지경이다.

이러한 노력이야말로 전쟁의 실체와 현장에 맞게 국방 분야를 개혁할 수 있고, 이를 통해 현장요원을 안전하게 무장시킬 수 있으며, 비실전적이고 행정적인 소요에 의해 탄생한 국방정책에 따른 비효율적 예산낭비를 막고 전승을 보장함으로써 강한 군을 완성시킬 수 있다.

또한 사회적 가치의 향상과 공개는 군과 군에 소속되지 않은 국민과의 유대 관계적 측면으로도 긍정적인 효과가 있다.

우선 군에 소속된 개인으로서는 강한 군에 소속되어 있다는 자부심과 신뢰 자체가 사기, 이른바 정신력을 향상시키는 효과를 낳는다. 또, 군에 소속되어 있지 않은 국민의 입장에서는 공인되고 검증된 군사력을 가진 국가의 국민이라는 점에서 또 신뢰를 보내게 될 것이다. 이에 따라서 전반적인 국방정책에 자신감이 부여되는데 이는 장병들의 정신력에 영향을 주는 선순환을 지속적으로 발생시킨다.

전투상황에서 같은 전투력을 보유한 군이라면 '역시 강한 우리 군!'이라고 생각하는 국민을 지킬 때와 '아휴 군바리'라고 생각하는 국민을 지킬 때 언제 더 잘 싸울 수 있을지 생각해 본다면 답은 나온다. 군은 국민이 지지해줄 때 가장 강할 수 있다.

전통적으로 장교들은 '군기'를 강화하고, 군기와 사기를 적절히 유지해 방향성을 유지하는 것이 리더십의 기본으로 여겼다. 하지만 이제는 틀어막거나 비밀스럽고 고생스러운 업무를 긴 시간 동안 해왔다고 해서 무조건 인정받는 때가 아니다. 지금의 국방업무가 국민고객을 만족시키기 위해서는 수행하는 국방업무의 가치 자체를 높여서 징병된 고객의 국방봉사 시간의 질을 높이고, 국방에 종사하지 않는 국민들께는 공개하여 정말로 강한 군사력을 형성하고 있음을 느끼게 해야 하며, 궁극적으로는 모든 국민을 국방부의 편으로 만들려는 노력을 기울여야 한다.

즉, 핵심은 군이 진정으로 국민의 편에서 미래주도적인 세력을 키우기 위해서는 군인이 수행하는 군사적 가치를 사회적 가치와 연계해서 키울 수 있도록 노력하고, 이를 모든 국민이 공감하여 군의 능력을 신뢰하고 응원할 수 있는 기반을 갖추는 것이다.

그 다음으로는 국방정책의 진행사항 중 필수적인 보안이 필요한 요소가 아니라면 공개하고 오히려 홍보하여, 국민과 함께하는 군으로서 국민을 국방부의 편으로 만들려는 정책이 필요하다는 것이다.

결국 장병 한 명 한 명의 공인된 기술적 능력 향상과 이를 통한 자부심 회복, 대국민 신뢰도 향상까지 전반적인 경영의 방법을 고민해야할 때가 왔다고 생각된다. 이러한 시도가 병력의 부족, 군 가산점에 대한 논쟁, 실질적이고 강력한 미래 군사력 향상을 위한 시작일 것이다.

국 민 고 객

을 위 한

생 산 적 인

국 방 업 무

5 장

국민고객을 위한
완전한 계획

변화하는 다양한 고객에 대한 연구와 대화

- 너는 조국을 위해서 무엇을 했는가?

- 세금 내고 있어요.

- 저는 군대까지 다녀왔어요.

- 잘했으니 국방과 치안, 의료 등의 서비스를 주마.

4장에서 제시했던 방법들이 과연 옳을까?

예측 못한 부작용은 없을까? 아니면 의외로 상당히 좋은 것은 아닐까? 이러한 요소들을 사전에 알고 추진할 수 있는 방법은 없을까?

이러한 질문은 하기는 쉽지만 대답하기는 엄청나게 제한적이다.

국민고객을 위한 완전한 계획

왜냐하면 첫째, 국민고객의 큰 범위와 다양함 때문이다.

국민고객이란 의무복무를 수행하는 국민을 포함한 대한민국의 모든 국민을 의미한다.

다시 국민과 국가의 관계를 간단하게 정리하자면 국민은 국가의 고객이며 국가의 고객은 국가에 대한 납세와 병역, 또는 납세만의 의무를 수행한다.

4장의 서두에서 언급한 것과 같이 국방의 서비스를 제공받는 국민이라는 고객은 그 폭이 무척이나 넓다. 이 모든 국민들은 각자의 사정이 있다. 그래서 똑같은 서비스를 제공받아도 이에 대해 느끼는 만족도는 각자의 사정에 따라서 다를 수밖에 없다.

만약에 정말 기술이 발달해서 1대 1로 맞춤 서비스를 제공하는 것이 가능하다면?

그렇다고 할지라도 그들이 모두 만족하는 서비스를 제공하는 것은 불가능하다고 본다. 왜? 애초에 제한된 예산과 기간으로 모든 사람들에게 다양한 서비스를 제공하는 것 자체도 한계가 있지만, 모두 다른 사람이라는 조건 안에서는 같은 서비스도 누군가에게는 긍정적으로, 누군가에게는 부정적으로 보이기 마련이고, 기본 정책이나 법안, 시설 구축의 미비로 동질 서비스 제공이 불가능한 경우도 반드시 발생할 수밖에 없기 때문이다.

사람들의 불평은 절대적인 부족에서 오기보다는 상대적인 빈곤, 즉 차별에서 오는 경우가 대다수이다. 과연 이 모든 사람의 상대적인 차이를 해소해줄 수 있을까? 답은 거의 불가능에 가깝다는 것이다.

국민고객의 큰 범위와 다양함이란 구체적으로 우선, 4장에서 주로 논의한 징병 대상자와 그 외의 국민의 범위가 넓다는 것이다.

2018년 기준 대한민국 인구수는 5,163만 명이며, 병역 대상 남성 인구는 214.2만 명이다. 결국 징병된 국민에게 새롭게 추가적인 서비스를 제공하면 나머지 4,948.8만 명도 고려해야 한다는 말이 된다. 이미 의무 복무를 수행한 약 2천만 명들은 차치하더라도 새롭게 서비스가 제공될 때에는 같은 연령의 징병 외 대상자에게도 대체복무 등의 다른 기회를 제공해야 한다.

군 복무의 사회적 가치가 충분히 향상되는 방향으로 발전되면, 지금과 같이 성별과 신체등급만으로 지원 가능 여부 자체를 구분 지어서는 안 된다는 것이다. 또한 복무기간에 대해 새로운 가치를 부여하고자 할 때 현역과 대체복무는 또 얼마나 다양한가.

국민고객을 위한 완전한 계획

복무제도의 신분을 보면 해군, 해병대, 육군, 공군, 상근예비역, 의무경찰, 해양의무경찰, 의무소방원, 사회복무요원으로 구성되고, 대체복무는 전문연구요원이나 산업기능요원 등이 있다.

현재는 병역판정검사 신체등급 기준으로 산정하며 군인 및 경찰은 1~3급, 의무소방원은 1~4급, 공익은 4급으로 나뉜다. 또 복무 내용에 따라서 예비역 근무를 하기도 하고, 기간이 다르기도 하며, 아예 하지 않기도 한다. 결론은 우리나라의 인구수만큼이나 다양한 국민고객들이 존재한다는 것이다.

결국 병역을 수행하는 국민도, 그렇지 않은 국민도 이 모든 개개인들의 이해관계와 상대적인 차이를 해소할 수 있는 방법이란 현재에는 몹시 제한적으로 보인다.

두 번째는 시대의 변화에 따라서 상식도 변화하기 때문이다.

예컨대 군과 관련한 가장 중요한 사안인 애국심과 조국에 대한 문제를 살펴보자. 지금 국민들이 말하는 애국심에 대한 생각이 국방의 업무를 하는 사람이나 그렇지 않은 사람, 과거 국민들과 현재 국민들 간에 동일할까?

예전에는 국가를 당연히 보듬어야하고 어떠한 형태로든 희생하고 따라야하는 개념이었다면, 지금은 약간 다르게 인식되는 것으로 판단된다. 과거 국민들의 애국심을 100으로 보았을 때 지금은

국민고객을 위한 생산적인 국방업무

70정도라고 하는 절대적인 애국심의 크기를 이야기하는 것이 아니다. 가족과 친구, 고향이 잘 되었으면 좋겠다는 생각처럼 고국에 대한 애국심도 분명히 있다고 믿는다. 심지어 평소 애국심이 없다고 말하고 다니는 사람들도 올림픽, 월드컵 등 세계대회나 외교나 역사적 문제 등 국가적 차원의 이야기에서는 단 한 명도 국가를 등한시하는 사람을 본 적이 없다.

다만, 과거에는 국가 자체가 어머니나 가족에 비유될 정도로 무조건적으로 따르는 존재였다면, 지금은 국가에서 제공하는 국방, 치안, 의료, 행정, 정책, 교육 등의 총체적인 서비스의 개념도 중요하게 인식하는 듯하다.

극단적이지만 쉽게 비유하자면 통신사 서비스 같은 것이다. 통화시간이 짧고 인터넷 서비스를 많이 사용하는 사람은 데이터 할인율이 높은 통신사를 선택하는 것과 같이 자신의 상황에 맞추어 국가를 선택하고자 하는 것 같기도 하다.

향후 정보의 공유와 사람의 이동이 더 자유롭게 된다면 양육과 교육을 위해서는 영어를 사용하는 미국을 선택하고, 청년기에는 치안이 좋고 많은 창업지원과 의료복지를 보장받기 위해서는 한국을 선택하며, 은퇴 후 자연을 즐기며 삶을 보내기 위해서는 캐나다를 선택해 이민을 계획하는 것도 충분히 벌어질 수 있고, 실제로 이루어지기도 한다.

1997년, 우리나라는 300억 달러가 넘는 외환 부채를 가지게 되었다. 달러 부족과 원화 환율 폭등 등의 문제를 감당할 수 없었던 당시의 우리나라는 결국 IMF(International Monetary Fund)에 구제 금융을 요청했다. 이에 따른 초긴축정책에 한 집 건너 정리해고 소식이 들리고, 한 집 건너 부도 소식이 들리는 등 사회 분위기는 참담했다. 그 와중인 1998년에 '금 모으기 운동'이 벌어졌다.

부족한 달러를 국민 개개인이 조금씩 보유한 금으로 대체하겠다는 것이다. 놀랍게도 전국의 350만 명이 참여했고, 약 22억 달러에 해당하는 금액이 모였으며 그 결과 우리나라는 예정된 2004년보다 3년 앞선 2001년에 IMF의 간섭에서 벗어날 수 있었다. 벌써 20년 전 이야기라 멀게만 느껴진다.

하지만 당시 부모님이 정리해고 되는 과정을 목격한 30~50대는 현재 그렇게 구제된 사회의 일선에서 일하고 있고, 10~20대는 직접 겪지는 못했지만 당시의 분위기 속에서 유년기를 보내었다.

이때 거품경제를 겪으면서 금 모으기 운동에 적극적으로 참여했던 당시의 부모님 세대들은, 그러니까 현재 60대 이상의 분들은, 이 고비만 넘기면 살만한 시대가 올 것이고, 그 시대를 자녀들에게 물려줄 수 있을 것이라는 기대를 하셨을 것이다. 그러나 당장 현실은 그렇지 않은 것 같다.

통계상 경제는 풍요로워졌다고 하지만 과거에 비해 집 한 채 장만하는 것도 쉽지 않고, 저축은 이자를 기대할 수 없게 되었다. 과거 아이 한둘과 집 하나에서 오순도순 사는 '보통가정'의 꿈이 더 멀어 보인다. 취업도 문제지만 당장 졸업하면 학비대출로 인한 빚을 갚아야 하는 젊은이들도 문제다.

지금의 세대에 다시 '금 모으기 운동' 같은 캠페인이 벌어진다면 과연 그때와 같이 적극적인 국민들의 협조를 받을 수 있을까?

과거 '금 모으기 운동'을 할 때에는 캠페인에 참여하지 않는 사람들이 눈치를 볼 정도였다. '전 국민이 조국을 위해서 희생하는데 당신은 무엇을 하십니까?' 하는 분위기였다.

지금도 그럴까? 똑같은 질문을 국민에게 했을 때 뭐라고 할까?

'납세와 교육, 국방의 의무를 모두 수행했는데 왜 내가 더 희생해야합니까?'라는 반문이 제기될 가능성이 훨씬 크다.

집 장만은 고사하고 월세 내는 것조차 힘든 이 상황에서 아르바이트 하고, 꿈을 위해 저축하고 공부하면서도 탈세, 불법 군 면제, 사기, 폭행, 기타 범법행위 한 번 안 하고 살아가는 사람이 국가를 경영하다가 벌어진 국가의 실책에 대해서 왜 또 희생해야 하는가?

당시 국정을 운영하던 사람들이 앞장서야지 하고 생각할 것이다.

그럼에도 불구하고 물론 나라가 어려울 때 이들은 나설 것이라고 믿는다. 그래서 1997년과 결과적으로는 비슷한 양상이 이어질지는 모른다. 그래도 '조국을 위해서'라는 한 마디로 군인이나 공무원이 아닌 일반 국민들에게 더 큰 희생을 요구하는 것은 더 이상 적절한 구호가 아님은 확실하다.

애초에도 그렇지만 애국심은 강요하는 것이 아니라 나타나는 '현상'이기 때문이다. 앞으로는 금 모으기 운동 같은 일이 또 발생한다면 국민들에게 원인을 소상히 밝히고 이를 해결하기 위한 가장 합리적인 방안에 대한 설득의 과정이 반드시 필요할 것이다.

시대의 흐름과 함께 국민들의 생각과 문화도 달라질 것이며, 좋든 싫든 정보는 점차 투명하게 공개될 것이다. 국민고객들이 생각했을 때 비합리적인 내용이라면 그들은 동참하지 않을 것이다. 또 그들의 의견을 적극적으로 피력할 여러 가지 수단을 가질 것이고 그럼에도 불구하고 잘 해결되지 않을 때는 국가를 비난하거나 불신하게 될 것이다.

그렇게 되면 대국민신뢰도는 하락할 것이고, 결국 여타의 방법을 동원하여 국가를 떠나거나 국민의 힘이 필요할 때 그들은 외면

하고 말 것이다. 국민고객의 상식이 변화함에 따라서 욕구도 함께 변화하기 때문이다.

'남자라면 당연히 군대 가서 국가를 지키는 것이지!'하는 것이 이미 과거 이야기가 되어가고 있는 시점이다. 지금까지는 일부의 희생 위에 있을 수 있었지만 이제는 그러한 시대가 아니다. 앞서 언급한 것과 같이 더 이상 애국심은 '조국을 위하여'가 아니다. '내게 고마운 나라의, 내가 원하는 방향으로의 발전을 위하여'가 되어야 한다는 것에 더 가깝다.

그렇다면 국민고객들은 과연 어떠한 변화와 혁신을 원할까?

정부는 거기에 맞춘 혁신의 방향을 잡을 수 있을까? 4장에서 언급한 것과 같이 신체등급 4급 이하의 남성들과 지원하는 여성들에게 징병 장병 대신에 취사, 시설관리 등의 요원을 뽑고, 교통정리, 정부 행정업무 보조, 환경미화 등의 업무를 맡기면 더 상식적이 되지 않을까.

지금까지는 별 말없이 잘 유지되었는데 이제 와서 왜 살펴봐야 할까?

그것은 '지금까지'의 이야기이다. 이미 군 가산점 논쟁 등은 지속적으로 제기되어 왔고, 이렇게 빠르게 변화하는 시기에 국민들로부터 말이 나오기 시작하면 사실 대응이 늦은 것이나 다름없다. 따라서 그 해결책으로 징병되는 214만 명에게 가치 있는 투자의 시간을 보낼 수 있는 기회를 준다면 4,948만 명에게 적어도 그 투자를 해볼 수 있는 기회의 평등은 주어야 한다는 것이다.

4장에서 상상의 나래를 펼친 것 같이 군 생활이 새로운 기회로 인식되는 세상이 온다면? 언젠가 모병제로 전환된다면 그때도 성별로 인원수를 제한하는 것이 맞을까?

국민고객이 군인에게 원하는 것은 여군이나 남군이 아니라, 신체적 능력, 지력, 도덕적·윤리적 잣대 및 해당 업무의 전문성 등을 고려해서 국방의 의무를 믿고 맡길 수 있는 담당자가 아닐까? 다른 모든 여건을 떠나서 군에서 요구하는 조건에 맞는 사람이 되어야 하는 것이다. 물론 그 요구하는 조건이 시대와 국민고객의 요구에 부합하는 내용이어야 하는 것은 말할 필요도 없다.

앞으로는 또 어떻게 변화할까? 다양한 변화에 일일이 다 대응할 수 없다면 어떻게 예측하고 준비할 수 있다는 것일까?

- 세계적인 권투 선수 마이클 타이슨이 이런 명언을 남겼지.

- 뭔데요?
- 누구나 계획은 가지고 있다. 두들겨 맞기 전까지는.
- 그게 무슨 뜻인가요?
- 타이슨의 자부심일 수도 있지만 나는 아무리 완벽한 시나리오와 계획을 가지고 있다 하더라도 피드백이 오가는 현실의 링 위에서는 소용없다는 뜻으로 들려.

완전한 준비? 딱 잘라 불가능하다고 본다.

그 이유는 상기한 바와 같이 첫째, 국민고객이란 한두 분류로 나누어지지 않는다. 그리고 한 그룹의 고객에게 제공하는 서비스는 모든 고객의 세금을 기반으로 형성된 것이기 때문에 유기적으로 영향을 주게끔 되어있다. 따라서 누군가에게 이익은 누군가에게 손실로 작용될 수 있다.

둘째, 정책을 진행하는데 걸리는 시간이 있고, 고객의 요구는 빠른 환경의 변화와 함께 계속해서 변하기 때문에 아무리 지금의 상황을 기반으로 합리적인 경영이나 정책을 진행하고 시행한다고 해도 결과적으로 만족하기는 쉽지 않다.

셋째는 고객 역시도 그들이 무엇을 원하는지 잘 모른다는 것이다.

예를 들어 스마트폰을 보자. 누가 이것이 생활의 필수품처럼 될 것이라고 예측했을까? 많은 영화에서 비슷한 아이디어가 나왔고, 기술적으로 구현이 가능했던 시기에도 그냥 독특한 분야였을 뿐이다.

결국 어떤 한 가지를 제시했을 때 이것이 다른 상대에게는 어떻게 인식될지, 또 이것의 파급효과가 어디까지 미칠지 살피는 것은 무리다. 또한 애초에 무엇을 요구해야 하는지를 아는 것은 상당히 어려운 내용이다. 실제 현실에서는 이 모든 것이 뒤섞여서 유기적으로 변하고, 이 변화 가운데서 고객인 국민 역시도 뭐가 뭔지 모르게 되어 버리는 경우가 다반사이다.

- 그렇다면 링 위에 어떻게 올라야 한다는 건가요? 타이슨 본인은 어떻게 챔피언이 되는 건가요?
- 선수 그 자체가 계획이 되어야지. 상대선수에 대한 공부를 기반으로 대응할 기술의 연마, 늘 하듯이 빠르고 강력한 신체를 위한 체력단련, 마지막은 시합에서 상대의 상태를 확인하고 거리를 재기 위한 끊임없는 잽과 스텝.

국민고객을 위한 생산적인 국방업무

즉, 완전한 계획을 구상할 수는 없지만 어느 정도 대응의 방향은 설정할 수 있다.

우선은 상대를 공부하고 기초체력을 단련하는 것이다. 고객변화, 즉 시대와 환경의 변화를 지속적으로 공부하고 어떻게 적용하여 만족시킬 수 있을지를 연구해야 한다.

국방업무의 경우에는 주변국의 공격 전력, 외교관계, 역사적 사례, 국민인식, 지리적 사항 등 을 기반으로 국토방위를 할 수 있는 무기체계를 개발하고, 내부 사기와 군기를 잘 관리해 전투력을 유지하며, 시대에 맞춘 개혁을 하는 것이다. 이러한 기본을 위한 노력을 지속적으로 하는 것이야말로 다양한 기술과 근력, 스태미나를 연마하는 트레이닝이고 그 결과 강력한 신체를 가진 뛰어난 조직을 갖출 수 있다.

좀 더 포괄적으로 말하자면 기본에 충실하고 상식에 어긋나지 않도록 조직을 관리하는 것이다. 그 조직이 있는 이유는 국민고객들이 바라는 당연한 것을 가장 우선시 하는 것에서 출발한다.

변화의 시대에 여러 가지 시도도 좋지만 그 근간을 유지하는 방향은 항상 상식에 기반해야 한다. 비록 상식이라는 것도 시대에 따라서 그 모습이 바뀌기도 하지만 변하지 않는 것도 있기 때문에 더욱 방향을 잡기가 좋아 보인다.

함무라비 법전. 법을 논할 때 이것이 자주 언급되는 이유는 세계에서 가장 오래된 성문법이라는 이유도 있겠지만 무엇보다도 남에게 피해를 입히면 지위고하를 막론하고 평등하게 동등한 피해를 각오하거나 배상하도록 하는, 누구나가 납득할 수 있는 변하지 않는 법의 정신과 상식을 가지고 있기 때문일 것이다.

지금 역시도 다수의 국민들이 분노하는 사건을 보면 '상식적으로 이해가 안 되는 것'이거나 '특수한 경우인데 설명이 부족한' 경우가 대다수라고 할 수 있다.

우선 상식적으로 이해가 안 되는 것들을 보자.

많은 사람들이 분노하고 있는 특정 종교단체의 군 복무 거부상황이다.

- 요즘 남북화해의 분위기인데 종전되면 저 군대 안 가도 될까요?
- 감축이야 언젠가는 될지도 모르겠지만 군 자체는 없어지면 안 되지.
- 이렇게 주변국들이 강력한데 저희 군이 어떤 것을 할 수 있을까요?
- 과거부터 저울추 외교를 많이들 얘기했었지. 한 강대

국을 상대할 수 있는 전력이 안 된다면, 다른 국가와 연합했을 때 다른 강대국이 두려워할 수 있는 전력을 갖추는 것이지.

- 그래서 형이 비대칭 전력을 항상 강조했군요?
- 그것은 단순히 짧은 내 식견일 뿐…, 다른 전문가들의 다양한 의견이 많지만 군사력은 없어지지 않을 거야.
- 그러네요. 왜 중립국까지 모두 자체 군을 가지고 있을까요?
- Because… freedom is not free.

우리나라의 헌법 20조에 모든 국민은 종교의 자유를 가지며, 종교와 정치는 분리하여 그 자유를 보장하고 있다. 이에 따라 어떠한 종교를 선택하고 그 교리를 개인적으로 따르는 것은 누구도 나무라지 않는다. 다만 대한민국 국민으로서 지켜야할 군 복역에 대한 의무를 하지 않으려는 모습으로 비추어져 다른 종교를 지닌 사람들에게 법의 중립성을 훼손하는 것으로 보이는 것이 문제다.

대한민국에서 그들이 원하는 종교의 자유를 보장받는 것은 대한민국 법의 골자이지만 국가가 유지되는 것 자체는 또 다른 국민들이 복역의 의무를 지고 있기에 가능한 것이다.

그럼에도 불구하고 종교의 자유라는 권리가 공짜로 제공되는 서비스라고 인식하는 것에 그 문제점이 있는 것이다.

우리가 제공받는 권리는 모든 국민의 의무를 기반으로 만들어졌고, 이에 따라 국민이 주권자로서의 힘을 가지는 것이다. 따라서 어떠한 정책을 수행하거나 발표할 때에도 이런 당연한 상식을 기반으로 해야 나중에 방향을 다시 설정하는 수고가 없을 것이다.

국민들이, 지금 이슈인 특정대상에 대한 지원금을 왜 그렇게 반대할까?

본인의 힘들었던 과거를 언급하면서 어쩔 수 없이 범죄행위를 했다는 사람들에게 왜 그렇게 냉소를 보내겠나?

개인의 사연과 범죄는 분리되어야 하고, 사실과 합리성으로 설득되어야 한다는 당연한 상식에서 벗어났다고 판단하기 때문이다. 그러면 지금도 학자금 대출을 갚기 위해서 새벽까지 아르바이트를 하는 사람들은, 컵라면을 챙겨 다니며 지하철 스크린 도어를 수리하다 사고를 당한 청년은 어떤 기분일까.

다시 국방업무로 정리하자면 앞서 언급한 복무방법이나 변화의 세심한 부분은 둘째로 치더라도 조직이 상식적으로 나아가야 할 방향은 분명하다. 전쟁을 대비하고 억제하기 위해 강력한 전투력을 유지할 것, 효율적인 경영으로 예산을 운영할 것, 조직원을 존중하고 육체적·정신적 피해를 최소화할 것, 유사시 동원해야 하고 필요 시 국민들을 안전하게 안내해야 하므로 대민 신뢰를 유지할 것 등이다.

국민고객들의 '내게 고마운 나라의, 내가 원하는 방향으로의 발전을 위하여'라는 애국심에서 생략된 부분을 살피면 '내게 고마운 정의로운 나라의, 내가 원하는 방향으로의 발전을 위하여'가 된다. 따라서 과거부터 쭉 이어져온 주적이라는 개념이 있든 없든 국방 업무가 추구해야 하는 변하지 않는 상식을 포함한 정의로운 일을 해야 하는 것이다.

하지만 당연한 상식만으로 적용하기는 어려운 부분, 예를 들면 효과적인 무기체계(강력한 전투력을 가지고 있지만 비슷한 제품군에 비해 몹시 비싼 무기체계)와 효율적인 무기체계(저렴하지만 성능은 군에서 요구하는 수준을 만족하는 정도)를 획득하는 방안에 대해서는 어떻게 의사결정을 진행해야 할까?

이러한 가치판단에 대한 것은 상황에 따라 다르다. 만약 우리의 핵심전력으로 삼기 위한 무기체계라면 가격보다는 성능 중심의 효과성을 중시하는 방향으로 개발하고, 이러한 합리적인 의사결정의 근거를 기록한다. 또는 많은 양을 양산해야 한다거나 수출 등을 염

두에 둔다면 가격 대 성능비를 중시한 효율적인 무기체계를 개발하는 것이 더 적절할 것이다. 하지만 전반적인 정책시행에 있어서는 이러한 목적과 투입대비 결과가 명확히 드러나지 않는 경우도 많다.

이를 위해서는 권투의 스텝이나 잽과도 같이 MVP(Minimum Viable Product)와 같은 개념의 시범적용이 필요하다. 현재 정부부처에서 운영하는 온라인 대변인, 청원제도 등 국민의 목소리를 듣기 위한 각종 장치들의 시도는 몹시 훌륭하다고 본다.

물론 그것이 적절하게 적용되는가는 다른 문제이지만 일단 국민이 국민으로서 어떤 현상이나 정책에 목소리를 낼 수 있는 공식적인 통로가 있다는 것은 시대에 적합하다고 판단된다. MVP의 활용도 이러한 국민의 반응을 보고 의견을 맞추기 위함이다.

MVP란 홍보나 고객의 피드백을 적용하기 위한 최소한의 기능만 구현 가능한 제품이다. 예를 들어 게임의 데모버전이 그렇다. 어떤 게임을 정식으로 출시하기 전에 어떠한 성향을 가진 게임인지, 그래픽 수준은 어느 정도인지, 이것이 언제쯤 출시될 것인지만 보여준다. 이후 플레이한 고객들의 의견을 받아 난이도를 조절하고, 음향효과 및 각종 그래픽을 수정함으로서 고객 맞춤형 게임으로 탄생하는 것이다.

물론 무조건적인 사안에 대한 공개나 참여하는 국민의 수만 강조하게 된다면 다수의 횡포나 중우정치가 될 가능성도 높아서 충분한 주의가 요구된다.

하지만 과연 지금의 소통수단만으로 국민고객을 만족시킬 수 있을까?

이상적인 민주주의 국가를 위해서 가장 중요한 것은 국민의 기본권을 존중하기 위해서 국가가 얼마나 노력하느냐이다.

국민의 기본권은 첫째, 국민이 원하는 정부를 선택할 수 있는 선택권, 둘째, 정치와 시민생활에 적극적으로 참여할 수 있는 참정권, 셋째, 인간으로서의 국민의 인권, 마지막은 모든 법률 및 절차가 전 국민에게 동등하게 적용되는 평등법칙이다.

물론 다수의 법칙에 의한 논란은 끊이지 않았다. 하지만 법의 적용이 공평하지 못하거나 국민이 도저히 납득할 수 없는 사안에 대해서 국민들이 적극적으로 교정과 설명을 요구할 때는 비록 의사결정은 관련 전문가들이 하더라도 그들을 대변해서 논리적이고 상식적으로 접근해서 쉽고 명확한 근거를 제시할 수 있는 설명은 필요할 것이다.

이러한 의사결정의 공개나 국민 참여의 방안들에 지금까지는 진행 속도와 절차 문제들이 있었지만, 이제 정보통신기술 발달로 한계사항을 크게 극복 가능할 것으로 판단된다.

이러한 국민 참여의 확대는 결과에 대한 오해를 제거하는 데도 유용하다.

예를 들어 어떤 사업이나 정책을 진행할 때 결과를 예측하기는 무척 어려운 일이다. 정말 좋은 의도로 합리적으로 진행하였지만 갑작스러운 미래 변화로 실패할 수도 있다. 이때 사전에 국민과의 소통이 있었다면 어쩔 수 없이 벌어진 실패에 대해서 해명하기 쉽고, 불필요한 오해도 제거할 수 있을 것이라고 판단된다.

결론적으로 다양하고 변화무쌍한 국민고객을 만족시키는 확실한 방안은 없다. 다만, 고객을 만족시키기 위한 끊임없는 공부와 다양한 노력으로 상식적이고 정의로운 사회를 갖추는 그 자체가 정부가 가져야할 기본적인 내용이다. 또 기본적인 내용을 적용하기 어려운 사안에 대해서는 고객의 목소리에 귀를 기울일 수 있는 다양한 묘책을 더욱 연구해야할 것으로 보인다.

고객의 적극적인 지지와 참여가 회사경영의 성공을 보장하고, 국민의 응원과 소통이 국가경영의 바른 방향일 수밖에 없기 때문이다.

국 민 고 객

을 위 한

생 산 적 인

국 방 업 무

6장

국민고객을 위한 생산적인 국방업무

첨단 기술군과 Defenomics, 그리고 국방기술창업

- 내가 조국을 위해 무엇을 했는지 물어보았지. 그러면 반대로 국가가 내게 해준 것은 어떤 것이 있을까요?
- 국방, 치안, 의료….
- 다른 국가와 차별화되어 내가 이곳에서 살아야 하는 이유와 자부심을 줄 수 있는 것은 뭘까?
- 국민의 의무가 국가의 서비스와 상생할 수 있는 방안이라.
- 의무를 다한 결과가 나를 성장시키고 국가 경제력과 다양한 방면에 도움이 된다면?

국민고객을 위한 생산적인 국방업무

국민고객은 시대가 갈수록 시야가 넓고 똑똑해져서 서비스의 좋고 나쁨을 칼같이 알아차릴 수 있다. 이는 해외로의 접근성이 높아지는데다 인터넷을 통해 다른 나라에서 제공하는 서비스와 실시간으로 비교할 수 있기 때문이다.

서비스를 제공하는 정부 부처가 다양하지만 여기서는 국방 서비스에 주목해보자.

우리나라는 징병제라는 한계가 분명한 제도를 운영하고 있으며, 휴전국가라는 다른 나라와 두드러진 차이점을 극복해야 할 뿐만 아니라 언젠가는 추진되어야 할 종전 후 경영과 모병제를 위한 준비를 고민해야 한다. 현재 세계 유일의 분단국으로서 선택하고 있는 징병제와 육군 집중의 경영은, 과거의 6.25와 같은 총력전을 대비하기에는 적절할지 모르나 동북아시아 강대국 사이에서 우리의 입지를 굳히기에는 한계점이 확실히 있어 보인다.

왜냐하면 첫째로, 우리나라 경제구조의 모습 때문이다. 경제는 재화의 흐름과 같은 단순한 것으로 이야기되기도 하지만 실상은 경국제민(經國濟民), 국가의 경영 그 자체에 가깝다. 그러한 우리나라 경제의 무역의존도는 세계은행의 지표를 기준으로 80% 이상이며, 무역내용 중 단순한 통관 대상만으로 고려해도 매년 60%를 넘는다. 이때 수출입 화물은 99%가, 원유 등의 원자재는 100%가 온전히 해상을 통해 수송된다.

이러한 경제상황에서 주변국의 해군력 등으로 해상봉쇄를 당하게 된다면 어떻게 될까?

원유를 사용하는 개인의 자동차는 물론이고 화력 발전소가 작동할 수 없어 전기 공급이 제한되므로 국민들의 일상적인 활동 자체가 불가능해질 것은 쉽게 예측할 수 있다.

해상봉쇄의 가능성에 대해서는 많은 논란이 제기되지만, 굳이 존 F 케네디의 쿠바 해상봉쇄와 같이 과거로 가지 않더라도, 2017년부터 미국이 북한을 압박하는 수단으로 적극적으로 사용되고 있다는 것을 보면 지극히 사용하기 쉬운 카드라는 것을 확인할 수 있다.

특히나 동아시아와 같이 강대국들이 서로를 견제하는 곳에서는 직접적인 타격 전에 사용할 수 있는 상당히 가능성 있는 경고의 수단이 될 수 있다. 각국의 이해관계가 거미줄처럼 물려있는 이 지역에서는, 전면전보다는 국지도발이나 상대적으로 높은 경제 및 군사력으로 숨통을 죄여오는 작전을 사용할 가능성이 훨씬 높아 보인다. 이러한 상황에서는 당연히 제해권과 제공권을 보장하는 해군과 공군의 역할이 몹시 중요하다.

우리나라는 세계 11위로 통상 추산되는 상당한 해·공군력을 가지고 있지만 동아시아 주변국은 2위도 서러워하는 몹시 강력한 해·공군력을 지닌 국가들이다. 따라서 현재 우리나라의 해군과 공군의 군사력이 최소한 외교적인 균형추 역할, 그러니까 A국과 B국의 팽팽한 갈등상황에서 어느 한쪽의 편을 들어주었을 때 상황을 한 쪽으로 기울이게 할 수 있는 외교를 수행할 수 있을 정도의 능력도 충분하다고 말하기 어렵다.

예컨대, 러시아나 중국의 견제를 위해서 동해나 서해로 미군의 전투기 지원을 효과적으로 수행할 수 있는 징검다리 역할을 톡톡히 해줄 항모가 없고, 미국에서 항모부대를 지원할 때 협동작전을 뒷받침할 충분한 전투기나 이지스 함대, 또는 항모부대를 따라갈 수 있는 핵잠수함 부대 등이 없다.

정리하자면 우리 경제의 가장 근본이 되는 수출입 무역은 충분한 방어의 울타리를 가지고 있지 못한데다 우리 주변의 초강대국과 비등한 군사력을 갖추는 것이 현실적으로 불가능한 상황에서는 동맹국과의 연합작전이 필수적인데, 이 작전을 가장 효과적으로 뒷받침해줄 해군과 공군세력의 양성이 충분하지 못하다는 것이다.

둘째는, 군과 전쟁의 의미에 있다. 전쟁이 발생하는 원인이야 다

국민고객을 위한 생산적인 국방업무

양하지만 군의 기본업무는 무엇보다도 국토방위이다.

그런데 적의 상륙함이나 전투기, 적의 육군세력이 우리 영토 내로 들어오게 된다는 것은 전쟁터가 우리 국토가 된다는 것을 의미한다. 굳이 징비록의 기록과 같이 역사 속으로 들어가지 않더라도, 6.25 전쟁 때 폐허가 되어버린 우리나라의 사진을 보지 않더라도, 승패를 떠나서 전쟁터란 이미 국민이 살기에 적합하지 않다는 것을 아프가니스탄을 보면 알 수 있다.

따라서 진정으로 국방의 업무를 수행하기 위해서는 해상봉쇄 등의 상황을 주도적으로 운용하거나 타계할 수 있는 국방력이 있어야 하고, 전쟁 발발 시에 국민의 털끝 하나 건드릴 수 없도록 하는 방어막을 형성하는 것이 더욱 중요하다.

전쟁은 하지 않는 것이 최고이고, 혹시 하게 된다 해도 자국의 영토에서는 안 된다. 최후의 단계에서도 희생은 군인의 몫이지 국민들에게 돌아가게 하지 않는 것이 국군의 사명이라고 하겠다. 따라서 3면이 바다로 이루어진 이 한반도 영토의 내부가 아니라 외부를 책임질 수 있는 세력 위주의 군사력을 갖추는 것은 반드시 필요하다. 또한 전쟁이 발발하기 전 억제력에 있어서도 기동성을 갖춘 군의 중요성은 말할 필요도 없다.

국민고객을 위한 생산적인 국방업무

예를 들어 상대가 어디로 공격을 해올지 모르는 상황에서 방어하는 입장에서는 수십 배의 병력이 필요하다. 반대로 기동력을 갖춘 군이 상대의 어디를 칠지 모르게 만들면 전술적으로 상당한 우위를 갖출 수 있다는 것은 전쟁사의 기본중의 기본이다.

이것이 미사일을 갖춘 잠수함 세력이 얼마나 무서운지를 보여주는 것이고, 어디에서든 발진할 수 있는 전투기를 안고 다니는 항모부대가 아직까지도 궁극의 군사력으로 생각되는 이유다.

혹자는 내륙에 많은 미사일부대를 설치해서 외부로부터의 미사일 방어를 공고하게 할 수 있다고 주장하는데, 육지에서의 한정적인 움직임을 가지는 미사일부대와 해상에서 삼면 방어뿐만 아니라 공격으로도 전환할 수 있는 미사일 부대가 있다면 둘 중 어느 것이 합리적인지는 깊은 고민이 불필요해 보인다.

셋째는, 소비만 하는 군의 한계이다.

앞서 언급한 것과 같이 우리나라는 동북아에서 강대국들 사이에 낀 위치에 있다. 이 면도날과 같은 위치에서 균형추의 역할을 하며 강대국들의 간섭으로부터 자유로운 국가를 운영하기 위해서 요구되는 최소한의 군사력은 생각보다 상당하며, 많은 예산을 필요로 한다.

만약 우리나라가 현재의 군사력과 기술력, 경제력을 가지고 중동이나 유럽에 위치해 있다면 그 지역에서는 1~2위를 다투는 강호가 되어있을 것이다. 하지만 동북아시아의 초강대국들이 밀집해있는 주변 세력 때문에 상대적으로 약하게 보일 수밖에 없다.

　게다가 이미 예산에 대해 언급한 바와 같이 군사력은 경제력과 밀접한 관련이 있다. 즉 이 지역에서 일정한 군사력을 유지하기 위해서 '상당한 부분의'경제력을 국방비에 소비해야 하는데, 군을 포함해서 이렇게 예산을 소비만 하는 정부조직은 한계점을 가질 수밖에 없다. 물론 고귀한 희생을 폄하하는 것은 아니다. 나도 군인이다. 하지만 아무리 중요한 일에도 지속적으로 투자만 해야 한다면 부담이 되는 것은 어쩔 수 없다.

그렇다면 앞으로의 군은 어떠한 방향으로 성장하는 것이 이상적일까?

　첫째는 첨단 기술로 주도하는 군, 즉 첨단기술군의 형태가 되어야 할 것이다. 현재의 국방정책에서 이야기하듯 '거대한 공룡보다는 날쌘 표범과 같은' 군이 되어야 한다. 이는 출산율의 감소로 이어지는 전반적인 인구의 감소뿐만 아니라 종전 후 모병제 전환에 대한 대책이 될 수 있으며, 거대한 총력전과 미래전장을 위한 군의 당연한 모습이기도 하다. 전쟁은 파악하면 할수록 감정보다는 이

성과 실리에 입각해야 한다.

참혹한 전장. 상대적으로 불리한 정황 속에서 피를 흘리고 쓰러진 전우를 안고 눈물을 삼키며 전장으로 홀로 달려가 모든 적을 제압하고 결국 전투를 승리로 이끄는 영웅. 전통적인 전쟁영화에서 볼 수 있는 감동적이고 멋진 내용이다. 낭만은 조금 부족하지만 터미네이터는 어떤가? 압도적인 화력으로 전장을 누비며 상대의 무기는 우습다는 듯이 박살낸다. 앞의 두 사례를 전략 전문가에게 비교평가를 요청한다면 확실하게 후자의 편을 들어줄 것이다.

나폴레옹이 전투 중 막사에서까지 읽었다는 최고의 병법서로 일컬어지는 손자병법. 여기에는 준비를 통해 전쟁에서 '확실하게 이기는 것'에 집중하고 있다. 이를 극적으로 표현한 것이 선승구전(先勝究戰), 즉 이겨놓고 싸우는 것이다.

군의 고유 업무는 전쟁이고, 전쟁은 국민의 생명과 재산을 담보하는 국가의 중대사인 만큼 이길 가능성을 100%로 만들어야 하며, 그러지 못할 경우에는 하지 않는 게 옳다는 것이다.

영화에서야 멋지겠지만 실제로 전쟁이라는 중대사를 맡긴다면 누가 동료들을 잃고 아슬아슬하게 승리를 쟁취하는 영웅을 바라겠는가? 당연히 싸우면 무조건 이기는 터미네이터를 원할 것이다.

상대국이 오만한 행동을 유지하고 위협을 계속하고 있다면 '계속 그런 식으로 굴면 압도적인 능력으로 한방 먹여주마!', '이미 너희 군사기지 근처에 언제든지 타격할 수 있는 미사일 부대가 위치해 있다!'고 할 수 있는 국방력이야말로 국민고객들이 원하는 진정한 모습일 것이다.

하지만 우리나라의 경제력과 기술력으로 세계 1위의 차별화된 무력을 보유하는 데에는 현실적으로 한계가 있어 보인다. 그래서 '계속 그런 식으로 굴면 손목 하나는 가져가겠다. 그런 상태로 동맹국인 내 친구들을 이길 수 있을까?'하는 첨단 기술의 필살기 하나쯤은 있어야 하겠다. 이 필살기야말로 전쟁을 억제하고, 전쟁 발발 시에 외교와 동맹에 의해서 균형추 역할을 할 수 있는 비대칭 전력이 될 것이다.

그러한 비대칭적인 전투력은 어떻게 확보할 수 있을까?

1장에서 본 것과 같이 이미 기계는 인간의 능력을 물리적·지식적으로 추월했고, 이러한 기술을 적극적으로 분야별로 융합해야 할 것이다. 이러한 기술은 많은 사람들을 대체할 수 있을 것이고, 결과적으로는 소수정예의 첨단 기술군이라는 미래군의 방향이기도 하다.

다만, 이는 안보의 기반 속에서 이루어져야 하므로 인원이 감축

됨에도 불구하고 기술적으로 현재의 전투력을 유지하거나 그 이상을 발휘할 수 있어야 한다는 점이 전제되어야 할 것이다.

이는 정부조직의 사업추진과 민간조직의 결정적인 차이이기도 한데 목표와 시기, 상황에 대한 융통성을 어떻게 적용할지의 문제이기도 하다.

통상적으로 정부조직에서는 '00년도까지 몇 명을 감축하고 00으로 전환하겠다.' 등을 슬로건으로 내세운다. 하지만 상황은 실시간으로 변화하고, 실질적으로 이를 예측할 방법은 없다. 따라서 궁극적인 목표를 정해두고 이를 위해서 기본적인 모델을 구상한 다음에 변화하는 상황에 맞추어 진행하는 방법 등이 적절할 것이다.

예를 들면 무인정찰체계 등이 확보되는 시점을 고려해서 경비인원의 수를 줄이는 '선 기술 확보 후 조직개편'같은 것이다.

일단 곧 감축할 것이니까 그때까지 기술을 개발해라는 느낌이 아니라 기술이 개발되었으니 이를 실무적으로 충분히 평가해보고 적절한 조직검토를 통해서 기술이 인원을 대체토록 추진하는 것이다.

이러한 기술주도의 군사력 확보는 결론적으로는 기술로 싸우는 것이고, 피를 흘리는 인원은 적어지는 형태가 될 것으로 판단된다.

그래서 지금이나 곧 닥쳐올 미래와 같은 과도기에는 오히려 더 빨리 미래전장에서 쓰일 기술 확보를 위한 인원이 더욱 많이 필요해질 것이다.

사실 계속되는 기술의 발전을 확인하고 이를 국방 분야에 융합할, 단순히 군인이나 과학자가 아닌 이 두 분야를 아우를 수 있는 인재는 어떤 특이점을 넘을 때까지는 계속적으로 더 필요할 것이다. 이러한 첨단 기술군이야말로 전쟁을 억제하고 전쟁 발발 시 강력한 울타리를 형성하며, 인력이 감축되었을 때의 해답이 될 수 있다. 앞으로 갈수록 적은 수가 뛰어난 기동력과 섬세한 화력을 가진 기술로 승부하는 전장이 될 것으로 판단된다.

둘째는 이른바 디페노믹스이다. 디페노믹스란(Defenomics) 국방, 즉 방위를 뜻하는 Defense와 경제의 Economics의 합성어다. 즉 국방업무를 통해서 국가경제 발전에 도움을 주는, 국방력 강화와 경제성장을 동시에 추구하는 개념이다.

잠깐 언급되었던 이스라엘의 사례를 살펴보자.

이스라엘은 전체 GDP의 9% 정도를 국방비로 지출하고 있다. 우리나라가 3% 정도임을 고려하면 상당한 수준이다. 그런데 이스라엘은 그중 6% 정도를 다시 무기체계 수출을 통해서 외화를 벌

국민고객을 위한 생산적인 국방업무

어온다. 이것은 이스라엘이 현대전과 미래전에 있어서 무기체계의 중요성을 깨달은 결과였다.

무기체계의 핵심기술과 역량을 자체적으로 개발하는 것은 물론, 부족한 경제력을 다시 개발한 무기체계로 해결하는 선순환을 추구하기에 가능한 일이었다. 그들은 징병된 장병은 물론이고 장교들 중에서 엘리트 중의 엘리트들만 모아 첨단기술 개발팀을 양성하여 국방과 경제의 두 마리 토끼를 잡고 있다.

결론적으로 보자.

전체 GDP 대비 국방력 수준이 수치상으로 보면 우리나라도 3%, 이스라엘도 9%에서 투자대비 6%를 차감하였으므로 3% 정도로 동등해 보이는데 과연 그럴까?

우리는 국방비를 전력 유지비와 해외 무기 구매비로 대다수 소비하는 위주인 반면 이스라엘은 핵심기술을 축적하거나 수출을 통한 시장의 개척, 브랜드 가치를 향상시키는 생산적인 국방업무를 계속적으로 이루어내고 있다. 이러한 현상이 지속된다면 미래에 얼마나 큰 효율의 격차가 발생할지는 보지 않아도 뻔하다.

앞서 언급한 바와 같이 경제란 단순한 재화의 의미가 아니라 국가의 운영과 국민의 삶 그 자체에 큰 영향을 미친다. 국민고객들도 이러한 사실을 잘 알고 있기 때문에 국가 경제에 도움이 되는 일을 수행하는 것을 마다할 리가 없다.

예를 들어, 어떤 무기를 성공적으로 개발해 이를 해외로 수출하여 외화를 벌어왔다면 이에 대해서 싫어할 우리의 고객이 존재할까?

군의 기본은 전쟁을 준비하는 것이 확실하다. 하지만 준비하는 방법에 있어서 예전과 같이 단순히 국가예산을 소비만 하는 닫힌 사업추진 방법이나 시대에 뒤처진 기술의 적용 등은 현재의 국민 고객들이 쉽게 받아들이지 않는다. 그러다보니 단순히 엄격한 규율만 적용하여 자승자박하는 모습도 보인다.

가령 무기체계 개발에 있어 군사 요구조건, 이른바 ROC 등이 그렇다. 사업기간이 길어 개발 제품의 진부화를 방지하기 위해 처음부터 수년 전에 100이라는 높은 수준을 요구하고, 99의 성능을 만족하였을 때는 매몰차게 사업실패나 방산비리로 몰아간다.

이 99의 성능이 세계에서 가장 높은 수준이라 할지라도, 진화적 군 요구도를 적용하게끔 명시되어 있음에도 불구하고 말이다. 오히려 이때 현재까지 개발한 성과, 사업 단계별 군 요구도의 재조정을 통해서 국가적으로 얼마나 성과를 발휘했는지를 보여 줘야 한다.

국민고객을 위한 생산적인 국방업무

완전한 계획이란 없기에 수시로 조정하고 발전시키되 이 과정을 최대한 투명하게 해야만 국민고객이 이 군사적인 가치가 어느 정도의 사회적, 경제적 가치를 가지는지 판단할 수 있을 것이다. 또 그러한 시스템이 발달할수록 더욱 선진화된 기술이 나올 수밖에 없다. 심지어 기술의 발달과 시스템의 변화는 현재 군의 업무 그 자체를 경제적인 방법으로 승화시키기도 한다.

예를 들어 현재 해군의 군함은 주로 해양경비 임무를 수행하는데, 해저탐사 및 각종 샘플을 채취할 수 있는 시스템이 접목된다면 국방업무를 수행하면서 해양 조사 및 개발에도 도움을 줄 수 있다. 또 육군에서 수많은 병사들을 관리하면서 얻은 심리적, 운동적인 요소에 대한 빅 데이터는 군이 아닌 기관에서 필요한 자료로 활용할 수도 있을 것이다.

또 정책의 변화로 새로운 시장을 생각해볼 수도 있다.

예를 들어 정기적으로 수행하는 훈련을 훈련으로 끝내지 않고 스포츠화하는 방법도 있다. 본인은 2014년 RIMPAC에 참가하였는데 이 행사는 환태평양에 위치한 모든 국가의 해군이 참가하여 개별 스포츠, 미사일 발사, 항해훈련 등을 실시하는 세계에서 가장 큰 군사훈련이다. 영화 'Battle ship'의 배경이기도 하다. 이와 같은 이슈를 게임화하거나 방송하는 등의 방법으로 우리의 우수한 무기체계를 홍보하고 세계적인 우리 군인들의 수준을 보여줄 수 있으면 재미있지 않을까?

이제는 국방 분야에서도 경제적 논리를 함께 고민해야 한다.
그렇다면 경제에서 가장 우선되는 것은 무엇일까?

효율적인 운용도 중요하겠지만 그 최고봉은 생산성에 있다고 할 수 있겠다. 여기서 언급하는 효율성이란 국방 분야에서 국군의 운영유지를 위한 국방비의 투자대비 성과를 최대한 달성하는 것을 의미한다. 반면에 생산성은 이를 뛰어넘어 투자를 통해 새로운 가치를 창조하는 것을 의미한다.

예를 들어 3장에서 언급했던 군 장병 월급 인상, 군 가산점 제도, 각종 문화공연 할인 혜택, 또 제대 후 연계되는 자격증의 취득 지원 등은 장병 사기를 위한 국가재원 투입의 일환으로 기존의 사기를 증폭시키는 효율성에 가깝다.

반면에 연계된 특기를 교육하고 향상시켜 이들이 국방 분야에서 5장과 6장에서 언급한 미래기술융합을 위한 자원으로서 활용된다면 그 생산성이 극대화되지 않을까. 관련 방산업계에 취직하거나, 새로운 무기체계 관련 기술에 대한 본인의 연구결과로서 창업을 하거나, 무도관련 특기로 군에서 더욱 다양한 기술을 익혀 군사 무술을 개발해 창업하거나, 장비 손상 시 지속적으로 운용할 수 있도록 신속하게 우선순위 정비개념을 개발하는 것 등이다.

군사 무술 개발에 대해서는 현실성 없게 들릴 수도 있지만 사실 우리 고유 무술이라고 자랑하는 태권도 역시 1944년에 재정립되어 만들어진 근현대의 무술이다. 그리고 오늘날 국기가 되었다.

이와 같이 우리 군이 나아가야 할 첨단 기술군과 디페노믹스 융합의 궁극적인 방안으로 제시하고 싶은 것은 국방창업 분야의 육성이다.

앞서 생각해 보았듯이 군대가 사회적 가치를 향상시키는 전문기관으로서의 역할도 함께 하는 경우를 가정해보자. 그러면 그때의 군대는 무엇으로 가치를 평가받게 될까? 사람을 교육해서 양성시키는 조직의 가치를 평가할 때 무엇을 기준으로 하는가?

대학을 예로 들면 어떤 대학이 좋은 대학인가? 입학점수가 높은 대학? 취업이 잘 되는 대학? 논문과 특허를 많이 생산하는 대학? 재단이 돈을 잘 버는 대학?

여러 가지 답안이 있겠지만, 일단 사회적으로 좋은 가치를 얼마나 많이 창출하였는가가 그 기준이 될 수 있겠다.

예를 들어 취업이 잘 되는 것은 우리나라 생산성을 향상시키고 납세의 의무를 수행하는 등 좋은 활동이다. 논문과 특허 역시 새로운 이론과 기술을 개발하여 사회적 가치를 향상시키는 활동이다. 그러나 이 모든 것들을 동시다발적으로 해낼 수 있는 활동은 역시 기술창업 분야라고 할 수 있겠다.

왜냐하면 '새로운 기술 및 서비스'로 세상을 널리 이롭게 할 뿐만 아니라 '고용'을 통한 생산과 소비로 국가의 경제를 도울 수 있는 가장 생산성 있는 활동이기 때문이다. 그래서 꽤나 많은 경영가들은 좋은 대학의 조건으로 그 대학 출신들이 얼마나 많이 좋은 기업을 창업하였는가를 보기도 한다.

이와 같이 군에서 근무하는 인원 중 뜻이 있고 능력이 되는 엘리트들을 국방기술창업의 CEO를 목표로 양성한다면 어떨까?

대체복무 및 군에서의 활동을 전투와 자신의 보직, 관심분야에 연관해서 집중적으로 전문화하고, 이들 중 뛰어난 성과를 내거나 관심을 보이는 사람들은 더 높은 수준으로 나아갈 수 있도록 하는 것이다. 다시 강조하지만 군 생활이 힘든 것은 '훈련'이 아니라 나의 사회적 가치의 향상과는 무관하게 흘려보내야 하는 '희생의 시간' 때문이다.

장교나 부사관도 마찬가지이다.

나의 생도 때의 시절을 생각하면 잘 달리고, 옷 깔끔하게 잘 다려입으며, 구두 광 잘 내고, 목소리 크게 낼 수 있는 생도가 카리스마 있고 멋있는 생도였다. 그러다보니 소위로 임관하면 대다수 현실의 벽에 부딪힌다. 부족한 행정능력, 대화 능력 등등. 즉 생도 때 피땀 흘려 익힌 것이 실무에서 능력으로 발휘되는 것이 아주 제한적이라는 것이다.

이는 군 실무와 사회에서도 동일한 이야기가 된다. 장교들이 밤을 새워가면서 당직 서고, 작전회의를 하고, 각종 훈련을 준비하고 인원을 관리하는 것, 직접 본 사람들은 모두 알 것이다. 그 치열한 삶을. 그런데 그렇게 경쟁하다가 진급이 안 되어 전역할 경우, 소령을 기준으로 한다면 44살이 고작이다.

이때 제대하고 나갔을 때 사회적으로 가장 열심히 일해야 하는 나이에 어정쩡한 포지션이 되는 것이다. 가진 것이라고는 적은 월급을 모은 것과 생활하기에는 부족한 연금, 이것도 재수 이상인 경우에는 연령제한으로 인하여 없다. 특별한 기술이나 공인받은 자격증이 없는 것이다.

이것이 옳은가? 그렇게 노력하면서 살아온 결과가 무엇인가?

뭐든지 할 수 있다는 도전의식이라거나 그릇이 커졌다거나 하는 이야기는 우리 군인들끼리나 하는 이야기다.

결론은 사회적으로 인정받을 수 있는 가치로 이어져야 한다는 것이다. 즉, 치열하게 생활한 군 생활과 진급을 위해 경쟁한 결과가 이른바 스펙이 되어야 한다는 것이다. 진급을 못하면 군인으로서의 생명이 끝나더라도 사회적 가치가 향상되어 있게끔 길을 만들어야 한다.

예를 들어 공군 파일럿이나 해군 항공사들의 경우에는 오히려 군에 남아있는 경우보다 제대하고 각종 민간 기업의 비행사에 취직하는 경우가 많다. 왜 해군 함정장교들은 그 오랜 시간을 항해하고도 최고 등급의 항해사나 도선사로 가는 길로 이어지지 않는가? 그 많은 사람을 다루는 육군 지휘관들은 관리 분야의 전문가로서 공인받지 못하는가? 이러한 군 생활의 노력들이 사회적으로 이어져야 제대 후에도 국가의 일원으로서 노력할 수 있을 뿐더러 군 생활 자체를 더 보람 있고 창의적이며 발전적으로 할 수 있지 않을까?

그런데 한편에서는 오히려 각종 유착을 방지하기 위해 제대 후 취업을 제한하는 정책까지도 고려된다고 한다. 이는 국가에서 어렵게 쌓아올린 전문성을 매몰시키는 행위로서, 마치 뛰어난 법적 엘리트들인 법무부 출신들의 공직생활 후 민간 법률 사무소에서의 취업활동이나 자문 활동을 제약하여, 그들이 한 평생 쌓아올린 능력을 강제로 폐쇄하고, 사회적 정의를 지키지 못하게 막는 것과 동일한 논리이다.

샌프란시스코에서 페이스북과 구글 본사를 견학할 기회가 있었다. 회사 안에 모든 시설이 무료로 제공되는 등 그 복지 수준도 상당했다. 다양한 식당, 디저트 가게, 오락실, 동아리방, 숙소, 세탁소…. 보다 보니 군이랑 무척 비슷했다. 굳이 부대 밖으로 나갈 일 없이 업무에 매진할 수 있게 되어있는 것이었다. 차이점은 계급이 없어 편안하게 상호의견을 조율할 수 있다는 것과, 언제든지 성과가 좋지 않으면 나가야 하는 계약직이 대다수라는 것이었다.

계약직에 대해서 불안함이 없을까 했는데 놀랍게도 이들은 여기에서의 삶이 갑갑하다고 느끼기보다는 자부심을 한껏 느끼고 있었다. 왜?

잘려도 페이스북과 구글에서 근무했다는 경력 자체가 엄청난 스펙이며, 그들이 하던 업무는 어떤 IT 계열로 가더라도 적용할 수 있는 전문성이 생기기 때문이다. 또 새로운 길이 만들어지면 창업을 하고, 이 창업한 회사를 다시 페이스북이나 구글에서 합병하기도 하면서 더욱 거대한 기술력과 자본력을 갖추어갔다.

국방기술창업 역시 이렇게 클 수 없을까?

일반 공학을 연구하는 학생이 군에 들어가서 관련분야의 군사기술 발전을 지속적으로 도전할 수 있도록 지지받고, 제대 후 새로운 무기체계를 뽐내는 회사의 CEO가 되며, 이 회사의 기술력을 다시 국가에서 사용하면서 국가의 총 국방력과 경제력이 동시에 향상되는 선순환 구조 말이다.

1장에서부터 긴 과정을 지나왔다. 민간분야뿐만 아니라 국방 분야에서도 점점 가속화되는 변화와 파괴적 혁신에 대비하기 위해서 어떤 기술을 전장과 국방 분야에 어떻게 융합할 수 있을지 고민하고, 종목별로 재빨리 시도하고, 만약에 실패하더라도 이 역시도 양분 삼을 수 있도록 인식을 개선해야 한다.

기술과 국민정보화의 향상으로 혐오의 시대의 종말이 도래할 것이다. 국방 분야는 주적을 상대하는 것만으로 논리가 진행되는 것이 아니라 냉정하게 주변정세를 파악하고 스스로가 라이벌이 되는 더욱 힘들고 쉴 틈 없는 달리기를 하게 될 것이다. 결국 극대화된 효율성과 그 이상의 가치를 창출해야 하는데 어떻게 경영해야할까?

3장에서 본 것과 같이 아무리 뛰어난 사람의 합리적인 경영이라고 하더라도 옳지 않을 수가 있다. 물론 본 저서도 방안을 고찰해보고자 의문점을 던져 보는 것에 불과하기 때문에 국민이 진정으로 원하는 것이 아닐 가능성이 크다.

그럼에도 불구하고 4장에서 정리되었듯, 정부의 존재 이유는 국민에게 있고 기업이 고객을 모시듯 국민을 연구해야만 올바른 경영의 길이 보일 것으로 판단된다. 하지만 국민고객들은 워낙 다양하고 수가 많으며 그 성향이 변화할 뿐만 아니라 국민조차도 그들의 명확한 요구를 모르는 상황이다.

이에 따라 린 캔버스나 MVP 모델 등으로 국민을 파악하고 조직의 방향을 설정하는 올바른 방법에 대한 연구가 지속적으로 필요하다. 그리고 무엇보다도 국민의 변화와 요구에 집중해 상식적으로 경영하는 것은 꾸준히 해야 할 일이다. 그렇게 하지 않으면 정책과 기술에 있어서 역사의 한편으로 사라질 수 있다.

6장에서 강조한 바와 같이 한번쯤 국방 분야의 경영방안에 대한 재탐색이 필요하지 않을까 조심스럽게 고민해본다. 첨단 기술군으로서의 발전과 국방 분야와 경제성 향상을 위한 생산적인 상생을 위해서는 그 궁극의 끝에 국방기술창업이 있다고 생각한다.

국민고객을 위한 생산적인 국방업무

6장에서 제안한 내용에 대해 고찰하기 위해 린 캔버스를 작성해보자. 4장에서 살펴본, 현재의 상황에서 변화되는 것은 별도로 표현을 하였다.

1. 국방업무의 문제점 및 과제
   1) 충분한 국방력의 유지 및 향상
   2) 징병에 대한 보상 필요
   3) 대국민 신뢰도 향상 필요

2. 고객
   1) 징병되는 현역 국민
   2) 징병되는 대체복무 국민
   3) 징병 대상이 아닌 국민

3. 고유의 가치
   1) 국가안보 유지
   2) 개별 장병 사회적 가치향상(추가)
   3) 국방 핵심기술 축적(추가)
   4) 무기체계 수출국 브랜드 가치 향상(추가)
   5) 국방기술창업을 통한 고용확대 및 납세증대(추가)

국민고객을 위한 생산적인 국방업무

4. 제안하는 해결방안

1) 숙식 및 군대 내 시설물의 향상

2) 월급 향상, 문화생활 할인혜택 등

3) 군 가산점 지원

4) 복무기간 단축

5) 각종 훈련 및 활동 언론보도

6) 국방업무 중 민간분야의 지원확대

7) 관련 해당분야 자격증 교육 및 제공추진

8) 해당 특기 심화교육 및 관련 프로젝트, 업체 소개

9) 대체복무 대상자(희망자) 범위 및 대체복무 직종 확장

10) 고급 군사기술 개발 관련 창업유도

5. 고객 도달 통로

1) 직접(징병국민)

2) 국방방송 등

3) 관련 프로젝트, 업체

4) 대민 홍보

6. 수익원

1) 국방예산(세금): 방위력개선비 / 전력운영비(전력유지비,

병력운영비) 중 병력운영비 및 방위력개선비

※ 수량 위주에서 기술 위주로의 변화를 통한 전력운영비
여유 운용 가능할 것으로 판단

7. 비용구조
   1) 생활 개선비
   2) 장병 월급
   3) 사업비 등
   4) 장병 교육비
   5) 관계부처 협조 등

8. 핵심지표
   1) 국방력
   2) 징병 국민의 만족도
   3) 대민 신뢰도
   4) 무기체계 수출비 등 군에서 직접 생산된 사회적 경제적
      가치
   5) 제대 후 창업 활동 등 군에서 간접적으로 생산한 사회
      적 경제적 가치

9. 경쟁우위

1) 안보유지라는 고유의 가치
2) 실질적인 장병의 사회적 가치향상 및 전투 및 국방 첨단 기술관련 인재양성
3) 국방핵심기술 및 무기체계의 선진화

린 캔버스의 결과 제안하는 방법에 대해서 경쟁우위에 국민고객의 사회적 가치의 향상 등의 고유 가치를 추가할 수 있었다. 핵심지표 고려 사회적 가치의 향상과 생산력을 향상시키는 방향은 기존의 지표를 만족시킬 뿐만 아니라 추가적으로 국민에게 도움이 되는 방향이므로 적절할 것으로 판단된다. 물론 대대적인 변화가 동반되고 교육을 기본으로 한 정책은 단기간에 효과가 드러나기는 어려울 것으로 판단된다. 하지만 나아가야 할 길이라는 점에서는 논란의 여지가 없어 보인다.

본 저서에서의 이론적인 내용의 논리적 전개는 저자의 주관적인 내용이다. 그러나 변화하는 시대 속에서 기본을 준수하면서도 국민의 요구에 만족하기 위한 기술적·정책적 융합을 위한 노력은 매우 중요하며 항상 요구될 것이다.

더 이상 눈속임이 통하지 않는 이 세상에서 국민고객을 만족시키기 위한 노력이야말로 정말로 가치 있는 일이며 기술과 현장, 현장과 정책의 균형 있는 조화와 발전이 이루어지는 국방정책을 이루기 위해 노력해야할 것이다.

맺 음 말

다양한 질문에 대한 답을 하는 방식으로 국방업무와 정책이 나아가야할 방향을 고민해보았다.

경영학과 창업에 대한 수업을 들으면서 국방정책 분야와 융합해야 한다는 고민을 하게 되었고, 이것이 정답이라고 할 수는 없지만 최소한 아이디어는 검토해 보아야 되지 않겠느냐는 생각으로 서술하였다.

이 책에서 많은 자문자답이 있었고 시대의 변화에 대해서 언급하였지만, 가장 중요한 것은 제목과 같이 국민이다. 민심이 천심이고 국가가 모셔야 하는 것은 국민이며 이들은 최소한 기본적인 상식에서 어긋나지 않으면 분노하지는 않는다. 다만 그들을 만족시키기 위해서는 지속적인 관찰을 통해 그들이 진정으로 필요로 한 것이 무엇인지 끊임없는 연구가 필요할 것이다.

이른바 4차 산업혁명으로 대표되는 변화의 시대다. 한두 분야가 아니라 모든 분야가 동시다발적으로, 그것도 서로 연관을 주면서 기하급수적인 변화를 일으킨다. 이러한 변화를 두려워만 해서는 선두그룹과 현대와 중세만큼의 차이가 벌어지게 될 것이다.

선두에 나서려는 다양한 노력을 추진해야 하며 단순한 기술뿐만이 아니라 가장 적합한 방향으로 개혁을 추구해야 한다. 하지만 개혁을 위해서 무작정 변화만 추구해서는 오히려 위험해지는 결과를 낳을 수 있다. 변화의 방향을 충분히 고려하면서 진행해야 하는데 이는 세계 최고의 전문가들도 실패한 어려운 일이다. 그러나 여기서 모두 동의하는 것은 고객이 원하는 방향으로 추진해야 한다는 것이다.

정부, 즉 국방부에 있어서 고객이란 국민이며 그들이 주장하거나 그들조차도 모르고 있지만 그들이 바라는 것을 기준으로 변화와 개혁의 방향을 설정하는 것은 민주주의 국가의 기본이다. 따라서 다양한 소통의 방법을 마련해 고정적인 정책이 아니라 국민과 함께 발전할 수 있는, 살아서 변화하는 개혁을 추진해야 한다.

국민고객을 위한 생산적인 국방업무

하지만 국민이란 단수가 아니며 워낙 넓은 스펙트럼을 가진지라 모두를 동시에 행복하게 해줄 수 있는 정책이란 불가능하다. 따라서 두 가지를 고려해서 추진해야한다.

첫째는 상식이다. 그 조직이 갖추어야 하는 당연한 상식에서 벗어나지 않아야 하고 모두에게 평등해야 하는데, 그러한 태도는 고유 업무를 수행할 때 기준에 두어야 한다.

둘째는 소통을 위한 각종 방법론의 연구이다. 소통이 잘 되면 국민을 진정으로 위하는 정책을 만드는 것에도 도움이 되지만 혹여 잘못된다 하더라도 불필요한 오해로 국민들의 공분을 사는 것을 방지할 수 있다. 특히 공개적으로 소통하고 그 정보를 저장해 두면 미래 정책추진에 참고할만한 자료가 얻어지며, 지금처럼 잘되지 못한 내용이 발생하더라도 비난을 받기보다 교훈으로 삼아 더욱 발달시킬 수 있을 것이다.

국방업무의 경우에는 소통하고 만족시켜야할 대상이 병역의 의무를 지는 징병의 대상과 그렇지 않은 대상으로 크게 나누어서 볼 수 있다. 이들을 동시에 만족시키기 위해서는 지금과 같이 성별이나 장애등급으로 군 복무의 영역을 결정할 것이 아니라 능력과 지원 의사로 결정해야 한다.

하지만 이미 특정 인원만의 징병제로 굳혀진 문화에서 이를 바꾸기는 불가능에 가깝다. 그렇기 때문에 군 복무 자체의 사회적 가치를 대폭 향상시킴으로써 복무 기간을 희생하는 시간이 아니라 투자하는 시간으로 만들어 주어야한다.

또한 전투력 유지라는 군대 본연의 임무에 충실하기 위해서는 전투와 기술이 연계된 분야의 사회적 가치를 향상시킬 수 있는 노력을 꾀하는 것도 중요하다. 이러한 노력에 대해서도 국민들과 소통하게 된다면 군 복무를 수행하는 사람들뿐만 아니라 군 복무가 종료된 사람들, 수행하지 않는 사람들까지도 신뢰를 향상시킬 수 있을 것으로 판단된다.

이러한 사회적 가치 향상의 최고도에는 납세와 고용, 기술발전을 동시에 꾀할 수 있는 국방창업이 있다. 이제 국방업무는 단순히 조국을 위한 희생이 아니라 새로운 가치를 만들고 국가발전을 이끄는 방향으로 발전해야한다.

공직자의 월급은 국민이 주는 것이고 국가의 운영은 국민을 위한 것이다. 공직자는 항상 평가받을 수 있도록 준비하고 비전을 제시해야 한다. 다방면으로 국민의 의견을 수렴해 혹시 일부의 의견과 다르게 진행할 일이 생기더라도 납득할 수 있도록 설명하는 노

국민고객을 위한 생산적인 국방업무

력이 절실하다. 군인끼리, 공무원끼리 '우리가 잘 했다', '열심히 했다'는 이야기는 크게 중요하지 않다. 회사의 평가는 고객이 하는 것이고, 정책의 평가는 국민이 하는 것이다.

국민고객을 위한
생산적인 국방업무

초판 1쇄 인쇄 2018년 11월 23일
초판 1쇄 발행 2018년 11월 30일

지은이 장상훈
펴낸이 김양수
표지 본문 디자인 곽세진   교정교열 박순옥

펴낸곳 도서출판 맑은샘   출판등록 제2012-000035
주소 (우 10387) 경기도 고양시 일산서구 중앙로 1456(주엽동) 서현프라자 604호
대표전화 031.906.5006   팩스 031.906.5079
이메일 okbook1234@naver.com   홈페이지 www.booksam.kr

ISBN 979-11-5778-347-2 (03390)